印象·中大红楼
——红堵翠阿，岁月留痕

岭南人杂志社编委会 ◎ 编

中山大学出版社
·广州·

版权所有 翻印必究

图书在版编目（CIP）数据

印象·中大红楼：红堵翠阿，岁月留痕／岭南人杂志社编委会编．—广州：中山大学出版社，2018.8
　　ISBN 978-7-306-06370-0

Ⅰ．①印… Ⅱ．①岭… Ⅲ．①中山大学—教育建筑—介绍 Ⅳ．① TU244.3

中国版本图书馆 CIP 数据核字（2018）第 123879 号

出 版 人：	王天琪
策划编辑：	赵　婷
责任编辑：	赵　婷
封面设计：	林绵华
装帧设计：	林绵华
责任校对：	刘丽丽
责任技编：	何雅涛
出版发行：	中山大学出版社
电　　话：	编辑部 020-84110779，84111996，84111997，84113349
	发行部 020-84111160，84111981，84111998
地　　址：	广州市新港西路135号
邮　　件：	510275　　传　真：020-84036565
网　　址：	http://www.zsup.com.cn　E-mail:zdcbs@mail.sysu.edu.cn
印 刷 者：	佛山市浩文彩色印刷有限公司
规　　格：	787mm×1092mm　1/16　12.25印张　200千字
版次印次：	2018年8月第1版　2023年11月第4次印刷
定　　价：	42.00元

如发现本书因印装质量影响阅读，请与出版社发行部联系调换

岭南人杂志社编委会

指导老师： 李庆双

成　员（按姓氏拼音首字母排序）：

蔡秉瀚　丛施祺　邓晶心　窦文豪　郭旺振
郭沃栋　黄述泓　李沛儒　刘殊瑜　刘雨欣
麦影彤　欧梦雪　潘虹羽　沈爱孝　王浩明
王棉棉　王伊平　王芷芸　王卓然　吴楚桥
吴宗荣　武　豫　谢曼婷　徐如梦　杨诗雯
张馨予　张子骁　赵瑛琪　郑秋晗

插　图： 康红姣　董　晨

● 康红姣　绘

中山大学，这里每栋红楼建筑都有属于自己的灵魂。她是美轮美奂、独具特色的建筑风貌，抑或是檐下人生活的痕迹及其背后的历史，又或者是学子们点滴的青春记忆……寒来暑往，中大红楼静立于斯，见证着一代又一代中大人的似水流年。

　　本书以中山大学部分有代表性的红楼建筑为对象，收录中山大学师生及校友优秀的关于红楼建筑的文学性文章和摄影若干，将精致的摄影、优雅的文字、璀璨的红楼建筑历史、新颖优美的装帧完美地结合，从文学的视角和艺术的层面诠释并呈现中大人心目中的红楼建筑及其背后的故事。读者可以从中了解中山大学的红楼建筑文化知识，品赏历久弥新的红楼建筑遗韵，阅读精彩纷呈的红楼建筑人文故事，领略红楼建筑的艺术魅力。

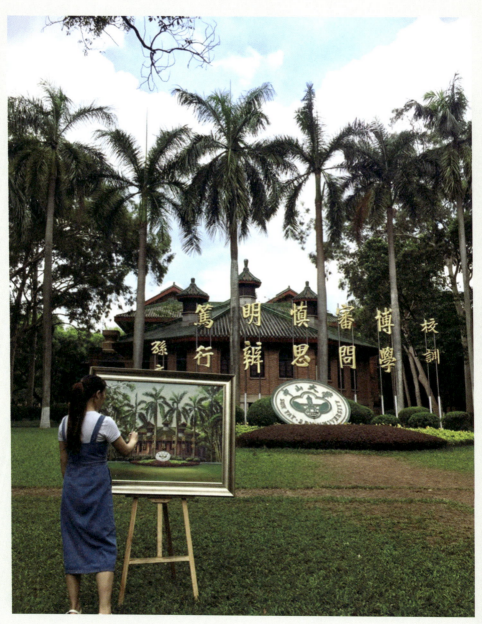

● 红楼叠影　欧阳勇　摄

书写红楼梦
心怀中大情
—— 写在前面的话

　　说起红楼，国人总会想起四大名著中的《红楼梦》。其实，在中山大学康乐园，也有一栋栋中西合璧、红墙绿瓦的独特红楼建筑，这些红楼已成了校园独特的风景和师生心目中的"红楼梦"。我和红楼有着特殊的缘分。在中山大学研究生毕业后，有幸留在校长办公室工作近10年，当时的校办一直在格兰堂（旧钟楼）办公。之后，为了宣传和保护红楼，学校还在中区的红楼的墙面和楼前树碑立传。这些碑石和题刻现在依然完好地立在原处，虽然有的碑文已不甚清晰。我当时所在的校办秘书科负责树碑的督办工作，能亲身参与红楼的保护和传承工作，我深以为荣。遗憾的是，此后，学校很长时间没再给红楼做类似的工作，很多来访者，包括中大师生，在参观红楼时，如无人介绍，就不了解红楼的历史和背景。我和红楼形成更为紧密关系的，是在留校之初就住进了南门附近主校道旁的二层红楼里，尽管这栋红楼不是早期意义上的古老建筑，但也有红楼的外形和风韵；而且更为有缘的是：我的硕士生导师吴机鹏也曾在此居住，师母曾在我家乡附近做过知青。

　　对红楼的热爱深植于每个中大人的心中，人们以不同的方式来讴歌红楼。关于红楼的出版物，印象中比较厚重和精美的有两本：一本是工学院余志教授编写的《康乐红楼》，另一本是中山大学档案馆编写的《红楼叠影》。这两本书都很高大上，既具有史料、档案价值，也极富观赏性，且都较昂贵和厚重，适宜于放在案头，不便于购置和携带。是否有另一种可能或换一种视角来描述红楼？出于对文学的热爱，我想到了用散文、随笔和诗歌的样式来记叙红楼，这样既有别于他者，也更有主观性的表达，文字也更轻盈、生动和有情感。当然，用文学的方式来叙述红楼还依赖于另一个客观有利条件，即多年来我一直指导着一个学生文学社团——岭南人杂志社。因为共同的对文学的喜好，我们走在了一起，我也希望这个社团能在校园文化建设方面发挥自己应有的作用，而不只是满足于开展一般性的社团活动。于是，我建议社团出一本文学性的校园文化书籍。之前曾考虑以"中大风物文辞"命名，用文学的笔法来记叙校园里的人文建筑及自然风景，后来也确实出了一期"中大风物文辞"的刊物。鉴于红楼在中山大学的特殊地位，也为了缩小收集和描述对象的范围，最后我和学生们商定，还是以红楼为背景进行撰写。

在确定选题后，岭南人杂志社的同学在社长丛施祺、主编欧梦雪的领导下，迅速成立了红楼编写小组，分为文字组和摄影组，我也对工作组的同学提出要求并进行指导。随后，这两个工作小组奔赴南、北校园进行调研和采风。为保障充足的经费支持，我指导学生先申请了学生处的公益项目经费支持，部分资金用于"红堵翠阿，岁月留痕——中大红楼"文稿、摄影有奖征集活动，并在中大官微上发布；为了最终成稿出书，又指导学生申请并获得了学校重点发展项目经费支持。在学校重点发展项目申报书上，我们对立项依据是这样描述的："一砖一瓦，一草一木，中大百年风尘在一座座红楼间沉淀，我们拟将红楼这一中大标志文物收录成册，呈现当今风采、历史沿革、人文精神，抒发中大师生对中大红楼的拳拳深情。"

《印象·中大红楼》一书收录了中山大学师生及校友关于红楼建筑的文章和摄影作品若干，将精致的摄影（图1）和纯粹的文字完美结合，从文学的视角和艺术的层面诠释并呈现中大红楼建筑及其背后的百年故事。

在多方共同努力下，最终撰写和汇编了几十篇关于红楼的散文、随笔和诗歌，这将是中山大学第一本以文学方式书写红楼的书籍，为中山大学的校园文化增添了光彩。这本书的遗憾之处在于，只挑选了部分红楼进行撰写，还有很多关于其他红楼的文章未能收录。有的红

● 图1 中大红楼摄影作品　蔡秉瀚　摄

楼,同时写了几篇文章,有重复之嫌,但考虑到难以取舍,也予以了保留;本着宁缺毋滥的原则,也删掉了若干师生关于红楼的文章。自己也想写一篇关于红楼的故事,但未曾提笔,还留在梦中,以待他日吧。

　　这本文学版的红楼梦书之所以成为可能,要感谢岭南人杂志社的同学们在采写、收集和编辑等方面作出的辛勤努力和特殊贡献;继任社长蔡秉瀚同学对书稿的收尾工作付出了极大努力。也要感谢学校对这本书所给予的重点经费项目支持,学生处时任处长莫华、刘洁予副处长、周昀副处长在经费的立项和周转等方面给予了积极支持,在此特表谢意。同样感谢传播与设计学院吴丹副书记同意将岭南人杂志社划拨到我的名下继续指导,以及在经费调整方面所给予的理解和支持。非常感谢档案馆崔秦睿老师在红楼撰写过程中所给予的好建议,他还应我之邀,写了一篇关于模范村红楼的文章。除了社团学生自己撰写、公开征集的部分作品外,我还请校报的徐津阳老师将校报之前发表的关于红楼的文章收集起来,也编入此书,大大丰富了本书的内容,也提高了本书的质量,在此对他深表谢意。还要特别感谢化学学院瞿俊雄老师、校工会李思哲老师所拍摄的精美的红楼照片。除摄影作品外，为增加红楼的观赏性和艺术感，我还特别选用了中山大学图书馆康红姣老师所画的几副红楼作品，专门拍摄了一张她在红楼前现场作画的照片，用在我的序言中，在此对她特别表示感谢。深深感谢中山大学出版社的责任编辑赵婷老师和美术编辑林绵华老师一直以来在图书的编辑和设计等方面所给予的大力支持和帮助。感谢一切关注、关心并给予直接或间接支持的人。

愿红楼成为所有热爱者的美好梦境和精神家园。最后，以岭南人杂志社在中大官微上推送的诗意文字作为这本书的广告语：

寒来暑往 百岁流转
熙攘之间
唯红楼跨越风雨 静立于斯

每栋楼
都有属于自己的"灵魂"
她是美轮美奂、独具特色的建筑风貌
她是在她檐下生活的人的痕迹与那背后的历史
或者是身边匆匆而过的学子点滴的青春记忆
见证着一代又一代中大人的似水流年

李庆双
2017 年 7 月 12 日写于中山大学康乐园

目录 CONTENTS

光影红楼

红楼总览 / 3

中大"红楼"的瓦当与滴水瓦 / 姚明基　4
高鲁甫与康乐园的园林规划 / 李少真　8
中大"红楼"中的紫色点缀 / 姚明基　12
未曾沉睡的红楼 / 林冰倪　17
满园春色不及你 / 黄玮璇　20

知识殿堂

怀士堂

怀士堂介绍 / 25
蓦然回首处,壮志凌云时——探赏怀士堂 / 黎颖　26
怀士堂·红楼·印象 / 林锐填　30

谭礼庭屋

谭礼庭屋介绍 / 35
来去空空,斯楼不朽——记谭礼庭屋 / 匡梓悦　36
历史的纪念碑——记谭礼庭屋 / 余淙竞　39

马丁堂
马丁堂介绍 / 43
初春觅红楼——马丁堂游记 / 黎颖　44
马丁堂的前世今生 / 李佳惠　46
谁在红楼守青灯 / 张馨予　51

格兰堂
格兰堂介绍 / 55
翠阿红楼，偷得三分春煦——游大钟楼遐想 / 张惠琳　56
在钟楼上，在历史里 / 刘雨欣　59
钟情 / 霍韵静　62

哲生堂
哲生堂介绍 / 67
哲生堂：昔日的燕子楼 / 李亚飞　68
哲生堂·深秋·学子 / 刘雨欣　72

张弼士堂
张弼士堂介绍 / 75
张弼士堂怀思：岁月的故事 / 中大官微　76
张弼士堂与晚清南洋华侨首富 / 欧梦雪　80

十友堂
十友堂介绍 / 87
初探红楼——记十友堂 / 林彤彤　88
日居月诸，斯人未远——十友堂 / 孙晓颖　91

荣光堂
荣光堂介绍 / 95
沉淀的美丽——雨天的荣光堂 / 李浩蔚　97
荣光堂小记 / 吴松岳　100

陈嘉庚堂
陈嘉庚堂介绍 / 105
堂前绿树已成荫 / 肖惠文　107

广寒宫
广寒宫介绍 / 111
那时，我住广寒宫 / 王安浙　112

北校红楼
北校红楼建筑总介 / 117
红楼吟——参观医学博物馆有感 / 秦娟　118
北校漫忆 / 刘雨欣　120
不负年华不负卿——感怀中山大学北校园 / 曲名心　122

学人府邸

陈寅恪故居
陈寅恪故居介绍 / 127
春风·秋雨·芳草——康乐园纪事 / 黄天骥　128
陈寅恪故居——"脱心志于俗谛之桎梏" / 郝俊　132
守护一方精神家园——陈寅恪故居走访记 / 黄旭珍　136

陈寅恪故居随笔 / 林美玉 139
先生之风,山高水长——游陈寅恪先生故居 / 姚楚辉 142
红砖绿瓦蓝通龙,无言唯是泪沾裳 / 袁蕊 145

黑石屋
黑石屋介绍 / 149
描述一座建筑而不进入——黑石屋之印 / 冯娜 150
于静默处强大——遇见黑石屋的百年风尘 / 蔡梓瑜 153
黑石屋和避难中的宋庆龄 / 刘姝瑜 157

模范村
模范村介绍 / 161
模范村记忆 / 崔秦睿 162

马岗顶建筑群
马岗顶建筑群介绍 / 169
康乐园写秋 / 李晓龙 170

激扬文字

惺 亭
惺亭介绍 / 173
惺亭依旧在,几度夕阳红 / 高菲 174
惺亭散谈 / 李沛儒 178

后 记 / 181

● 光影红楼 杨昀 摄

光影红楼

光影下的康乐园是个美丽的存在（图一）
拂晓 在珍珠式乳白色的曙光里
沿中轴线的红楼绽出硬挺的身影
黄昏 日光渐渐虚薄 使红楼显影
连其上的木石也射出光焰
康乐园一年四季 昼夜更替光影下的穷通变化
一切的一切都是如此的斑驳陆离
被光影涂抹的红墙绿瓦
正趟过时间的河
踏岸而来……

红楼光影　瞿俊雄　摄

徐如梦 摄

红楼总览

　　分布于中山大学广州校区北校园的红楼有：中山医学院办公楼、医学图书馆楼、医学博物馆楼、保健科楼、动物场楼、老干处楼、武装部楼、将军楼、梁雪纪念堂等。

　　分布于中山大学广州校区南校园的红楼有：怀士堂、翘秀堂、文虎堂、张弼士堂、格兰堂、马丁堂、马岗堂、史达理堂、十友堂、哲生堂、陆祐堂、爪哇堂、荣光堂、麻金墨屋一号、麻金墨屋二号、黑石屋、惠师礼屋、屈林宾屋、白德理屋、美臣屋一号、韦耶孝实屋、宾省校屋、伦敦会屋、何尔达屋、孖屋、高利士屋、希伦高屋、谭礼庭屋、神甫屋、美臣屋、积臣屋、神学院建筑群、四敦楼建筑群、附属小学建筑群、模范村建筑群、新女学、中学寄宿舍、农事职业科宿舍、八号住宅、蚕丝学院制种室、卡彭特楼、马应彪招待室、马应彪夫人护养院、惺亭、八角亭等。

光影红楼

3

中大"红楼"的瓦当与滴水瓦

姚明基

漫步于康乐园中大校园,游者在惊叹都市中隐藏着"翡翠"的同时,会被一座座错落有致地散布于校园中的各具特色的红墙绿瓦建筑所吸引。伴随着八九十年的历史,中大的红楼,又岂止独美于康乐园,中大早期石牌校址的红楼,更令人叹为观止。这些红楼,其中式大屋顶的设计,是令人难以忘怀的。而大屋顶的瓦当与滴水瓦,为这些建于20世纪初和民国时期的建筑添色不少。

瓦当与滴水瓦,是指中式古建筑中,置于屋面屋檐前端的瓦件。瓦当是接近屋檐的最下一个筒瓦的瓦头,以圆形和半圆形为主;滴水瓦则是一端带着下垂的圆尖形边缘,置于屋面檐口的底瓦。瓦当与滴水瓦,其功能原为保护屋檐下的木质构件、墙体不被雨水淋湿,对飞檐角度较大屋面的瓦片、瓦筒起阻拦滑落的作用,同时亦可美化屋面。

据文献资料记载,我国的瓦当起源可追溯到西周时期,滴水瓦则源于东晋后期。瓦当与滴水瓦发展到汉代为兴盛,有"秦砖汉瓦"的说法。汉代王莽时期流行一种"四神瓦当",在瓦当上面绘烧青龙、白虎、朱雀、玄武图案,用以表示房屋的东、西、南、北的方位。明清时期,中国式建筑则将屋面构件推向了鼎盛。瓦当与滴水瓦由于烧制上文字、图案,在增加观赏性的同时,亦烙上了时代的文化属性。瓦当与滴水瓦,仿如为房屋贴上了标签。民国后期,随着现代建筑的崛起及西方建筑风格的引入,瓦屋面被平顶屋面取代。现在建筑当中所用的瓦当与滴水瓦,大多已不对墙身起保护功效,仅作为中式建筑元素,起装饰作用。

● 图1 中大红楼的瓦当与滴水瓦 蔡秉瀚 摄

　　康乐园的中大红楼，因具有自己独特的文化性质，而烙上大学的印记。

　　康乐园的红楼建筑，从1905年的马丁堂开始，到1928年开建的陆祐堂及1929年动工的哲生堂，将"堂"的辉煌及体量，糅合了以外国教会、信徒的捐赠与华侨、政府资助结合建设的模式，与建于1915—1930年间的散布于马岗顶和模范村的众多"屋"交相辉映。当中，作为中式建筑风格元素的瓦当与滴水瓦，随着学校的发展，屋面的表征前后具有明显的区别。据早期观察的情况，自1905年始，至1952年全国高校院系大调整前，康乐园红楼建筑的瓦当与滴水瓦大体具有两个特点。

　　康乐园早期的红楼的瓦当与滴水瓦，一是瓦当以无图案的"白板"为主，很多小体量的建筑根本没配滴水瓦；园内个别屋面配有滴水瓦的，则以"青龙"或花蔓为主。现在部分建筑仍可见其痕迹。时至今日，作为中大标志性建筑之一的怀士堂东西侧附楼屋面，仍为"白板"瓦当，也未上滴水瓦。二是1928年以后的建筑，体量较大的"堂"的瓦当与滴水瓦，加上了有字纹的图案：瓦当以"岭南"繁体字纹为主，配荷花图案滴水瓦（图1）。直到20世纪80年代以后，随着推行红楼"修旧如旧"的原则，各屋、堂维修时，才陆续换上"岭南"

字纹瓦当及补上荷花图案滴水瓦。但至今仍有些红楼没有使用"岭南"字纹瓦当与滴水瓦，而使用一般的菊花、荷花花纹，如怀士堂主建筑的屋面。

说到瓦当与滴水瓦，令中大人难以释怀的，是石牌校址中山大学的红楼建筑。这些建于民国时期的建筑，因有政府作经济支持，以及设计上强调民族性，大多数建筑的瓦当及滴水瓦都使用了统一标识，且质量优胜、工艺清秀。瓦当以"中大"及"中山大学"两种字纹为主，如文学院、法学院等，个别大楼的瓦当亦有以花蔓为纹的；滴水瓦则以"青龙"及"中山大学"字纹加花蔓为主，如石牌校址的4号楼、7号楼、8号楼等。甚至连这一时期建造的纪念亭如刘义亭等，其瓦当、滴水瓦图案亦如是。从该校址上的瓦当、滴水瓦的新旧程度判定，这里的大部分红楼自始便使用"中大"及"中山大学"字纹的瓦当与滴水瓦。

瓦当和滴水瓦，原本应随着建筑物体量的大小而变化。但康乐园红楼的瓦当，实际上大小参差不齐，大的直径为13.5厘米，小的直径为9厘米；在康乐园红楼旧的瓦当中，体量最大的瓦当，出现在模范村中的一幢红楼上，其直径达15厘米，为校内各"堂""屋"之冠。而园内大多数红楼的滴水瓦，则相对规格统一，宽为21.5厘米、滴水深为10.5厘米。石牌校址所建的红楼，瓦当的规格较为统一，一般直径为12厘米；而滴水瓦则为配合楼体需要，扇形弧径较大，其宽度达到15厘米，滴水深为12厘米。如石牌校址的6号楼、8号楼、法学院，至今仍沿用旧的硕大的滴水瓦。

红墙绿瓦是中式古建筑的特征。中大红楼的瓦的颜色可是经历了一番变迁的。据考证，康乐园的早期建筑，瓦面颜色约为四种：一是以藏青色（标准色色标为C90M10Y40，下同）为主，如十友堂原瓦面颜色；二是以墨绿色（C10M60Y80）为主，如原麻金墨屋二号的瓦面；三是深紫色（C90M70Y80K70），俗称紫琉璃，如惺亭、八角亭、马岗堂等；四是黄褐色（C5M70Y80K30），如文虎堂和翘燊堂的重檐瓦面等。石牌校址的红楼建筑亦有同类情况：既有藏青色瓦面，如法学院；也有墨绿色瓦面，部分瓦面特别是滴水瓦因时间久远，严重脱色，已变为浅草绿色（C60Y80）了；有些新翻修红楼的瓦面，则变为墨绿色

（C100M70Y80）的了。

21世纪初，中山大学为了提升视觉识别（CI）形象，制定出台了《中山大学视觉形象识别系统手册》，当中确定中山大学的标准色色标为C100Y100K60。随后，康乐园内各幢红楼建筑逐渐变成"绿瓦"了，瓦当与滴水瓦当然也不例外。而新修的瓦当，亦渐渐以"岭南"繁体字纹瓦当为主了。经过调整与修整，特别是中山大学90周年校庆前的修整，当下的中大康乐园红楼实现了红墙绿瓦，大部分红楼都统一使用"岭南"字纹的瓦当。如近期修成的模范村十余幢红楼等，都规范使用了瓦当与滴水瓦，整齐划一，为校园增色不少。

在康乐园内，有一幢红楼的瓦面、瓦当与滴水瓦可谓别具一格，这就是位于马岗顶的马岗堂。这幢建于1935年并用于原岭南大学东正教礼拜堂的建筑，一是颜色独特——深紫色或称紫色琉璃，使用这种颜色的建筑，校园内仅三幢而已；二是瓦面的瓦筒、瓦当、滴水瓦形状独特，其瓦筒、瓦当非为圆弧形，而为八角方形，滴水瓦则是横长方状六角形，这在校园内仅此一处。

也许是工艺与技术的原因，早期的瓦当与滴水瓦，不论是康乐园还是石牌校址的红楼，其字纹略显粗糙，字体模糊，釉面不匀，颜色前后不一。而近年新修红楼的瓦面，其瓦筒、瓦当、滴水瓦颜色光洁且均匀、统一，为校园添色不少。

瓦当与滴水瓦还有一个鲜为人知的秘密：每一个瓦当与滴水瓦的尾部，都有一个直径2～3毫米的小孔，这是为了便于工人在安装时，用铁丝固定在屋面木板上，防止瓦面斜角大导致掉落伤人；有的瓦当则直接在前部加制"帽钉"，功效亦然，真可谓独具匠心。

随着时光的推移，中大的红楼，其价值日益彰显并被世人关注；红楼，见证了学校发展的同时，也见证了一代又一代师生的成长，默默地积累与积淀着大学的精神与文化。瓦当与滴水瓦，这原本为保护屋檐与墙体而生，进而美化屋面的属性，在融入大学元素之后，变成了大学的"铭牌"与"名片"，已成为大学建筑所不可或缺者。这些年来，为了传承与继承，也为了客观的历史，康乐园红楼沿用"岭南"字纹的瓦当，石牌地区的红楼沿用"中大""中山大学"字纹的瓦当，这都印证了大学的文化传播属性。

高鲁甫与康乐园的园林规划

李少真

在近年网上热传的最美大学排行榜中,中山大学位于武汉大学、厦门大学之后,排名第三。武汉大学有樱花和珞珈山,厦门大学有海滩,中山大学校园的美,除了有一批建于 1905—1949 年、以红墙绿瓦为基调的红楼外,还以其幽深氤氲而又绵延繁美的校园园林著称。

据 1958 年广州编辑的中华人民共和国首部《植物志》披露,广州有记载的 1800 种植物中,中山大学康乐园的植物就占了其中的 80%。校园里的竹子种类尤其丰富,达 134 种。不少植物在当时以康乐园为根据地走向广州各地。在 20 世纪 50 年代,中山大学康乐园曾被誉为广州最大的植物园。

人们大多知道,现中山大学南校园康乐园是原岭南大学的校址。百年前开始陆续建筑于园内的红楼,多被广州市列入近现代优秀建筑群体保护名录,并被批准为广东省重点文物保护单位。

人们也许还知道,在岭南校园的数十栋红楼中,由美国校董会、美国丝绸协会、史怀士、黑石夫人等美方和美国人捐建的就有 16 栋。由美国斯道顿建筑事务所负责设计,在岭南校园兴建的马丁堂、怀士堂、黑石屋等教学楼、办公楼和宿舍楼,是红墙绿瓦、带地下室的典型美式砖楼。这些楼宇,在建成的当年,无论和美洲或是欧洲最先进的大学比较,都是功能最先进的。1926 年之前做校长的几位美国人,严格地做到了这一点,以后的楼都是按这样的规格兴建的。

但鲜为人知的是,这红楼林立、古树参天、绿茵覆地的美丽校园园林的设计者,也是一位美国人——乔治·高鲁甫。

◉ 图1 孙中山铜像矗立在宽阔的草坪绿地中央　瞿俊雄　摄

　　高鲁甫1907年毕业于宾夕法尼亚州立大学园艺系后，就自愿来到岭南大学，是第一位来华的美国农业传教士，时年仅23岁。他刚到岭南大学时，由美国建筑师茂飞设计的第一批建筑物才刚刚竣工，当时的校园看上去光秃秃的。校方安排高鲁甫到岭南大学做的第一件事就是规划校区园林。

　　中国传统书院或建在山林之中以避市井尘嚣，或置于闹市之中以图行走方便。后者往往更常见。20世纪初的国立大学便多建在市区，校园面积普遍较小，且不甚注重校园环境。而传教士追求的大学模式却是"大学社区"，很注重校园的园林化，与我国传统书院大相径庭。从高鲁甫对康乐园的园林规划亦可见一斑，其设计有几何图案的广场花园，精心布置的草坪绿地（图1），道路中心立有花坛，如此等等，尺度适宜，层次分明。

　　在生活区设计中，大面积草坪、广植树木、湖泊水面等，同样成为不可或缺的元素。而这样一个绿草如茵、木幽水秀的优美环境，无疑可以方便师生间的感情交流、学术思考，更能维系学生对母校的美好回忆和深厚感情。

如今，康乐园里处处树木氤氲、枝叶扶苏，绿草坪两旁的榕荫引发多少诗情遐思，教学楼前的凤凰树如火如云，芳菲年年。这一切都跟高鲁甫有关。自他到校后不久，便进行了系统的植树活动。高鲁甫种上了李树、榕树、荔树、樟树等，为校园增色不少；他还从夏威夷引进了木瓜，在校园内种植，这些木瓜在广东大受欢迎，被称为岭南木瓜；他亲自与美国农业部一起考察，建立起柑橘水果引进站，并从站里引进种子直接播种在康乐园里。

高鲁甫专门从国外引进了荷斯坦与吐根堡等良种奶牛，在校园里建立起规范的奶牛场，使之成为学生农学实践以及岭南大学教师牛奶饮用供应的场所。

高鲁甫还是近代广东农学的开拓者，对近代广东农学作出了重大贡献。1916年，高鲁甫任岭南学堂农学部主任，此时，农学正式成为学校里与文学、自然科学、社会科学并列的四组课程之一。农学在他那个时代堪称热门学科，当时享誉盛名的先施公司和永安百货公司老板的儿子均是高鲁甫的学生。他的不少学生后来都成为我国著名的农学专家。

在华期间，高鲁甫奔走于岭南以及南中国各地，做了大量的植物资源调查，所从事的植物学研究工作具有很高水平，成果丰硕。1919年，高鲁甫撰写的论文《岭南荔枝》荣获民国政府农林部甲等奖。1921年，其撰写的《龙眼与荔枝》一书在纽约出版，之后重印10余次。高鲁甫还将荔枝推广至美国。1935年，夏威夷州政府为感谢高鲁甫引种荔枝至夏威夷的贡献，特地将这年长成的一株优良植株，经嫁接繁殖后，命名为"高鲁甫荔枝"。人们所熟悉的罗汉果，也是高鲁甫在广西桂林永福县山村发现的。当时，罗汉果还没有被科学界命名，是高鲁甫依土名为其正式命名。随后，他还对罗汉果进行了深入研究，与人合作完成了《广西的罗汉果》一书。

1915年，高鲁甫在学校创办了一个植物标本室，将搜集到的植物制成标本。该标本室随后成为当时中国收藏南方植物最丰富的标本室。1947年，高鲁甫退休回到美国，准备撰写《植物手册》，这是一本记录世界植物资源和为植物交流而撰写的专著。遗憾的是，《植物手册》未能完成。1954年12月4日，高鲁甫去世，享年70岁，留下的是50篇(部)左右的研究著述和手稿。据记载，他去世后，美国的生物学家仍旧在编辑他那包括一万种植物的笔记。

高鲁甫从1907年来到岭南大学，直至1941年因病回国，整整34年。他热爱中国文化，来华的头三年就学会了粤语，他的中文名字"高鲁甫"正是根据粤语发音而取的。他一生对华友好，善待中国人，是许多中国人的良师益友。1920年，他的母校宾夕法尼亚州立大学的同学和学生们，为他在岭南大学校园里捐建了一个居所，称之为宾省校屋。宾省校屋位于马岗顶，即今之东北区317号。高鲁甫在康乐园生活和工作，度过了他人生最辉煌的时期。

现康乐园西北角教工住宅区的旁边，仍保留着一块墓地，过去称为岭南教会山，现在人们通常称之为中大墓地。墓地在校园内，可以说在国内是绝无仅有的。20世纪90年代末期，有关部门曾来学校交涉，希望校方同意将墓地迁出校园，此事一直反映到省、市政府有关部门，墓地最终还是得以保留不动。

墓地经历了一个世纪的沧桑变化，也见证了岭南大学的特殊一页。埋在墓地里的多为当时的中外知名人物，孙中山的外孙即长眠于此；曾在岭南大学工作过的部分美籍教师也在此安葬，他们把自己的灵魂和肉体全部归属于所服务的学校。

据史料记载，从岭南大学创办的1888年起，到1949年中华人民共和国成立止，共有外籍教职员234名曾在岭南大学任教，外籍教师最多时达四五十人。孙中山先生生前对岭南大学非常关心和重视，曾三次莅临岭南大学。他将在岭南大学任职的洋人称为"平等待我""助我迎头赶上世界"之民族，高鲁甫就是他们当中的一员。

中大『红楼』中的紫色点缀

姚明基

康乐园中,掩映于绿树丛中的几十幢红墙绿瓦的建筑,以中西合璧的建筑特点,为婀娜多姿的校园添色添香,既佐证了中山大学的发展历史,散发着独特的魅力,又以历久弥新的建筑特色,日益增加着自身的人文价值。

综观中山大学的康乐园,红楼的红墙绿瓦已深入人心。在众多红与绿为主的色调之中,紫色,很容易被七彩斑斓的颜色所淹没、遗忘;但这种冷色与暖色的糅合体,却以极佳的刺激色的效果,丰富了中大红楼壮丽色彩的画面,发挥了不可或缺的点缀作用。

紫色,在中国传统中,通常与帝皇、圣人相联系,因而有尊贵之意;在西方,因为高雅,更为贵族所喜爱。存在就是合理的,人们喜爱的彩虹,是由红、橙、黄、绿、青、蓝、紫七种色彩构成的,虽然其中紫色的分量不大,位置也不在重要之处,但是作用却不可或缺。

在康乐园中区,有一条纵贯南北的中轴线,紧贴中轴线两侧的,是一些体量较大的,当时作为教室、科学馆等并被称为"堂"的建筑;再次之外围,是为外籍教授、本国教授居住的被称为"屋"的建筑;作为信仰与生活必需的神甫居室、教堂及小憩的亭阁则穿插其中:工作、生活休闲两相宜,堪称布局合理、校园设计典范。

有一种说法,在康乐园中还有一条东西走向的横轴线:图书馆西门—惺亭—乙丑进士牌坊—八角亭(图1)。此线若以中轴线交叉点计算,东短西长,难以对称,能否成立尚待考证。当年中轴线东面(现图书馆位置)为马岗顶的荔枝林,难以逾越,且在马岗顶东侧,已规

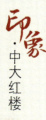

● 图1 紫色的八角亭　郑育珊　摄

划了众多的"屋",难以将横轴线延伸开去。

在纵横交错的校园规划当中,紫色,在校园红墙绿瓦建筑中,被点缀于关键的着眼点上,与绿色形成对比。两轴线交叉点上的建筑,是红柱紫色琉璃瓦的惺亭。

惺亭,建于1928年,单檐八角攒尖顶。当年是原岭南大学"惺社"毕业生为纪念母校史坚如、区励周、许耀章三位烈士所捐建的纪念亭。甲骨文专家商承祚教授的题名,让惺亭文化价值倍增。惺亭的瓦面、脊筒、瓦筒、瓦当、滴水瓦均为紫色。紫色的瓦当字纹为繁体字的"岭南",滴水瓦为荷花图案。因为紫色,使这座纪念亭瓦面颜色成为康乐园内的独一无二;也因为紫色,使惺亭在校园中区的绿色氛围中格外显眼。这座紫色琉璃瓦的建筑,仿如中轴线上的紫水晶,与中轴线上红墙绿瓦的标志性建筑怀士堂,遥相呼应,相映相衬。这里的紫色点缀,就如同画龙点睛、妙笔生花。

马岗顶位于中轴线东面,是康乐园内不可多得的岗峦,岗上绿树成荫。以现代的标准来衡量,这里仍不失为建造居住别墅的好地方;当下,所在建筑群也是安居与做学问的好居所。而当年为便于东正教的传播,也为了便于信徒的祷告,1936年3月在此建成了风格独特的马岗堂。紫色,自古以来就是宗教喜爱的颜色。基督教认为紫色代表来自圣灵、至高无上的力量;天主教把紫色称为主教色。源起于中世纪东欧的东正教,20世纪初经俄罗斯引入中国。据此,用于东正教礼拜的马岗堂,使用红墙、紫色琉璃瓦,就是顺理成章的事了。与周边都是两层楼的小洋房相比,马岗堂却是一层平房设计。当前后都是掩映于绿树丛中的红墙绿瓦时,马岗堂的紫色建筑无疑渲染出一种宗教的气氛。鲜为人知的是,马岗堂的紫色屋面,由于瓦筒、瓦当和滴水瓦都呈八角方形,更显个性与另类,以此有别于校内其他红墙绿瓦建筑屋面的圆形用料,是中大红楼中独一无二的建筑样式。

惺亭西面,经过乙丑进士牌坊,可见一座重檐攒尖顶的亭阁——八角亭。这座落成于1919年的建筑,屋顶全为琉璃瓦,紫气呈现。八角亭,田园阡陌环绕其间,正可谓"紫陌花间相影衬,未见红尘拂面来"。据档案中的相片考证,八角亭落成之初,在亭的重檐之间还镶着两排紫色通花,大概于20世纪80年代末才被改造成玻璃窗的样式;八角亭屋面的瓦当与滴水,其图案也与马岗堂、惺亭的有所不同,使用的是具有岭南特色的菊花和荷花,其紫色瓦当、滴水瓦的图案与颜色,也在校内众多建筑中成为唯一。八角亭建成之初,为岭南大学学生青年会用于艺徒学校、展销农产品之场所,后来成为校内的小卖部。当时的八角亭,处于十友堂(农学院)、爪哇堂(学生宿舍)与农事职员宿舍等三幢建筑的中间位置,四周为农田耕地,栽种了果树。八角亭以紫色亭立,并发挥展销学生农耕成果的功能,既点缀了周边环境,又成为学生及教工家属关注的重点。八角亭还有一特点,使其与众多校内的建筑不同,攒尖顶的"尖"呈一盘水果的造型,正中还有一只肥美的田螺,昭示该亭与农事的关系。

紫色的八角亭,在校园中轴线以西及至模范村一带,都是不可多得的紫色精妙点缀。

如果以紫色呈现的整幢建筑归类,康乐园内以上述三幢建筑为主。这三幢建筑中,马岗堂、八角亭以红砖墙、紫色屋顶为主要搭配,惺亭则以紫色攒尖顶朱红色柱子搭配。三幢建筑色调和谐,各有个性特点,紫气灵现。

● 图2 哲生堂的紫色瓷片拼花　徐如梦　摄

在中山大学的红楼中,还有一幢楼堂较多地使用了紫色元素。哲生堂,落成于1931年8月,歇山单檐式琉璃屋顶,绿瓦琉璃脊,紫色屋脊;整幢建筑屋基、墙身、屋顶三段分明,墙体为明黄色,南北各饰八根红色圆柱;在二楼与三楼之间的外墙上,用紫色瓷片拼出若干组相同的花案(图2),镶在两根红柱之间;外围二楼走廊上的护栏镶嵌着琉璃通花砖;大楼从上往下看,屋脊、墙体、护栏等构件上、中、下三线均穿插着紫色;横看,紫色的墙饰与黄色的墙体、红色的立柱形成对比相衬,整幢楼的色彩层次丰富,对比极度强烈。相比模范村的建筑,仅露台上用紫色通花,哲生堂则是在浓郁中显出了高贵,彰显书香雅致之气。

紫色,在中大红楼的红墙绿瓦建筑中,通过细节的点缀,融入了校园内多幢楼的搭配中。它不但丰富了校园内建筑的色彩,还丰富了红楼外墙的层次感。

紫色通花,丰富了色彩层次。在当年建筑材料品种单调的年代,中大红楼中较多地把它作为护栏装饰加以使用。麻金墨屋一号南面、模范村十余幢楼二楼露台的护栏、哲生堂二楼外围走廊护栏、美臣屋一号的外墙二楼及南面的门饰等,都可以看到这些紫色通花的影子,这些娇艳的紫色丰富了各楼宇的护栏外观颜色层次，并起通风透气作用。

紫色的墙饰，简单而美观。装饰，作为建筑文化的一个元素，是古建筑中的重要组成部分。紫色装饰，在多幢中大红楼中有所体现，主要是把紫色通花作为装饰性点缀，镶嵌于墙上甚至于门面。如马应彪招待室的正门，红砖墙面上只有几排紫色通花作装饰，几乎没有其他装饰元素了，简约且大方得体；爪哇堂的北面，亦以紫色通花将楼牌名勾勒出来，并在题名墙上以小通花的规则排列作衬；美臣屋一号、宾省校屋、爪哇堂、何尔达屋，以及别称西院和科学馆的史达理堂、十友堂等建筑的四周外墙，均在一楼与二楼间，或二三楼之间，镶嵌了紫色通花；更绝的一景是位于怀士堂东南侧的谭礼庭屋南面，在靠近屋顶处，分别镶着四个紫色通花，作天花的透气口。简单的紫色通花，经久耐用，价廉物美。

紫色的脊筒，大气端庄。中大的红楼，大多采用了中式大屋顶，而屋脊上的紫色琉璃脊筒，以明快的线条勾勒了屋面的轮廓，反显屋面之大气。如哲生堂、陆祐堂等的屋脊，主脊和戗脊就是以紫色脊筒为主，与绿色瓦筒形成了强烈的反差对比，丰富了屋面的色彩层次。

按色彩心理学的理论，紫色给人以神秘、安静的感觉；喜欢紫色的人，会喜欢读书，渴望追求知识与学问。在大学的建筑中使用紫色元素，其目的显而易见，也算是煞费苦心了。这也许是当初红楼设计者考虑的因素吧。

紫色，在点缀着中大红楼的同时，以其神秘的暗示，让涉足其中的学子，汲取知识，发奋图强，实现梦想。

未曾沉睡的红楼

林冰倪

新娘的一袭婚纱轻抚着怀士堂前的石阶。目光追随台阶向前伸长，与南校园师生熟知的中轴线交汇。中轴线尘埃落定后，怀士堂从此承担起它本不该承担的重任，就像格林尼治天文台，也戴上了闪闪发光的王冠，成为游客必访之地，也成为多少新人笑容定格的背景。

新人却不知道，宁静神圣的怀士堂，曾经回响着孙中山先生语重心长的那一句："请君立志，是要做大事，不可要做大官。"新人亦不知道，1925年3月13日，这里曾经逡巡着岭南大学学生对孙中山先生的深切哀悼之声。一座怀士堂，要如何承载满壁的故事。年复一年，罗汉松灰色的树皮一片片脱落了无数次，密密的虬枝上抽发着螺旋状生长的一条又一条绿叶。

植物的生命力永不停息，红楼的历史底蕴越积越重。植物在不断地向上长，红楼在不断地往下沉。

陆祐堂那只仅存的瓦钟在东南角用它残破的身躯俯瞰着小树一年年抽芽、生叶，挣扎而憧憬地向着无垠的天空伸手。是否有一天，老钟只能卑微地在阴影里低鸣，叹岁月沧桑，独自己见证。

老钟确实老，老得能吟唱一首岁月的长歌。在歌声飘渺之中，陈寅恪先生执杖叩开麻金墨屋的木栅栏，在那条铺成白色以便失明的老先生略能辨见的小路上缓缓迈开步，然后，在沙地上的藤椅坐定，一坐，时光便哽咽而定格下来。任百草开始丰茂，任树木开始参天。

红楼确实老，却不像《红楼梦》里的贾母一般弱不禁风，反像那活泼的刘姥姥一样硬朗。最好的红楼由最好的红砖砌成。清水墙面

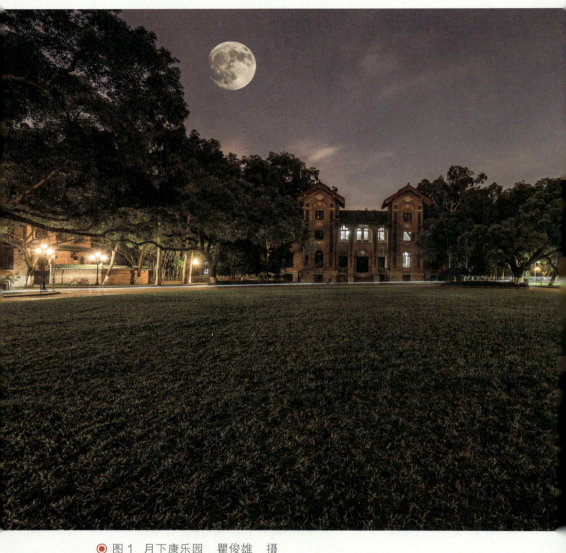

◉ 图1 月下康乐园　瞿俊雄　摄

裸露着砖块原始的古朴的红,须得水泥砂浆等比搅和,尔后平整勾缝才成。老教授说,现在,很难再看到那么好的红砖了啊。这个时代期盼着在故宫修文物的那份细致入微与一丝不苟,追寻着日本木匠打磨器皿的那种精益求精与忘我投入。

有时在想,东校园的学院楼大多也为红楼,却像精致时尚的女郎披上了古装,扮不出岭南女子柔情似水的气质。记得在鉴定古董的节目中看到,有些人为了增加赝品的可信度,将其在阳光下曝晒,在树脂里浸渍,在细水砂里打磨,那份人为的斑驳与沧桑竟能欺瞒不少行家。但是,赝品终究是赝品,在聚光灯下,它必得颤颤巍巍,最终狼狈落荒。

毕竟,有些东西无法速成。以时光做引,才能发酵最纯正的典雅与古朴之味。可红楼不只是岁月的见证人,它更是历史的载体。腥风血雨里,它固守着;宣言嘶喊中,它默许着;书声琅琅中,它倾听着;而今,人来人往里,它安静地看,从日出看到日落,从艳阳看到星辰。故事还在继续,红楼亦未曾睡去(图1)。

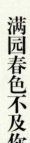

满园春色不及你

黄玮璇

远远地,远远地,我看见红砖绿瓦的墙壁;远远地,远远地,我看见满园春色从天边探出;远远地,远远地,我看见了你,在拥挤的道路边,在熙攘的人群中,静静地矗立。依旧是那样的红砖绿瓦,依旧是那样的庄严肃穆,依旧是我想象中你最美好的样子。

避开零散的落叶,避开残败的落花,我踮起脚跟,步履轻盈,向你一步一步地走去,绕过曲曲折折的小道,时不时注目眺望,你可知道,我在看你。在下一个转角遇见的你,还好吗?我要走近你了,触摸你,感知你的灵魂。不再是照片上冰冷肃穆的你,你有了温度,像冬日雪地上的微光,轻盈地向我走来,想给予我这世间地久天长的承诺。我说过我相信你,会一如既往地相信你,你看,我今日乘着清风,踏着彩云来找你了。我还记着你的承诺,也还记着我的期许。沧海桑田的变化,也磨灭不了那一份炽热的情感。

山上的蔷薇开了,你那儿的杜鹃开了没?满园满园的杜鹃,开了没?赏花的游客要陆陆续续来了吧,只是不知道,他们是要赏花,还是赏你。也不知,是满园的花儿绽放了你,还是你让满园的花儿竞相争荣。属于你的红砖绿瓦,让多少人动容,时光流逝得太快了,像一捧清泉渗入无垠的沙际,留下的只能是无以复加的悸动。曾经的你,像银河星际般发光发亮,现在都沉进黑暗中去了,一切的黑暗都是时空的终结者,都沉进岁月中去了。所幸,还有很多很多的人惦记着你,在春日时分,在炎炎夏季,在落花时节,在寒冬腊月,来看看你,在风中,在雨中,来看看你。不管地老天荒,仍旧记着你,记着那一

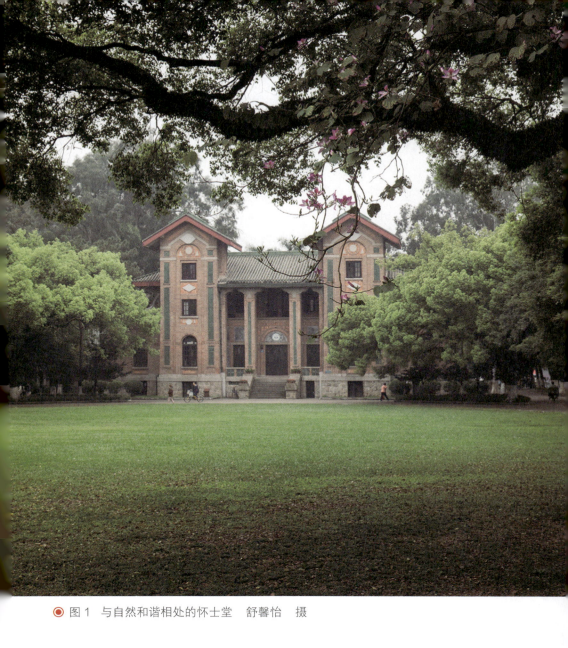

◉ 图1 与自然和谐相处的怀士堂 舒馨怡 摄

片属于你的红砖绿瓦（图1）。

  我慢慢地走近你，一步，两步，三步，细数我们之间的距离，看天际的蓝越来越淡，看近处的红越来越浓，这红，像浸入了墨汁般，带着些许的墨色，红得一点也不妖艳，红得一点也不媚俗。这红，浸透了时光，被染成了暗色，却仍然保持着她的骄傲与激情，留给世人那一份坚韧的傲骨。你看遍了世事沧桑，也目睹了名人志士在你的屋檐下改变历史的进程，你看了太多太多，沉淀了一份淡泊与孤寂。我该以什么称呼你？遥想世人都喊你一声，红楼。只是你的红，有别于世间的红，你还有暗沉的绿，在高高的屋檐，一直注目于你。他给你一份谦虚与谨慎，给你一份学术的严谨。从此，红和绿不再是仇对的敌人，他们都沉进岁月中去了，都烙上了岁月在他们身上打磨的痕迹。看，每一块红砖上，每一片绿瓦上，有野草，有青苔，沿着缝隙往上蔓延，在你的身上扎根。你不再责怪他们侵占你的领地，因为你知道，在漫长的岁月中，他们终将成为你最真挚的朋友。

红楼啊，你一直是个迷人的梦境，引人入胜，叫人疯狂。你可知，当我触碰你的身躯之时，我的心在为你颤动。你的身上满是青苔，满是疤痕，却一点也不让人生厌，因为这就是你，在历史长河中一直未变的你。这样的你，只会让世人震撼。有太多太多的人，触碰着你的身躯。你传递手心的温暖，一直残留，从未消散，像一缕青烟，袅袅，融入空气，融入生命，融入我的心。你是红砖绿瓦的红楼，红了满园的杜鹃，艳了满园的杏桃，绿了满园的春色。你是我心中永远的红楼，在风起之时，在雨散之后，每一时每一刻的红楼。

你看见了吗？此刻的我，正站在你的面前呢！向着你道一声，好久不见。

图1 掩映于参天古木中的红楼——哲生堂 瞿俊雄 摄

知识殿堂

康乐园的早期建筑，为全国高等院校调整（1952年）前岭南大学时期所营建的建筑，可以将其粗略地分为公共建筑和私人住宅两大类。

康乐园的公共建筑多名为「堂」（Hall）或「屋」（House），以红砖绿瓦为主要特征，中西合璧，兼具艺术审美与实用功能。

如今，它们错落有致地坐落于康乐园中轴线的两旁，精美别致，遗世而独立地掩映在康乐园无数的参天古木之中，将沉静美丽的校园，变成一个充满了《哈利·波特》魔法气息的童话世界。

听，这些默默无语却饱经沧桑的红楼（图1）正诉说着他们的故事……

怀士堂

刘雨欣 摄

印象·中大红楼

怀士堂介绍

瞿俊雄 摄

怀士堂（Swasey Hall），又称小礼堂，康乐园西南区492号，位于中山大学广州校区南校园中轴线上，1917年2月竣工。由美国著名天文仪器制造家、俄亥俄州克里夫兰市华纳与史怀士公司总裁安布雷·史怀士（Ambrose Swasey）先生捐资修建。建筑坐南朝北，总建筑面积1550.7平方米。学校重要学术报告会及学术交流活动、大型重要的内外宾接待工作在此进行。

知识殿堂

蓦然回首处，壮志凌云时
——探赏怀士堂

黎颖

> 当早春的花盛放至荼蘼，再碾成尘泥，你依然驻守在那里，春秋四季。
>
> ——题记

遍阅历史之瞳

目光幽深地掠过遍地快绿，越过一栋栋新近拔地而起的大楼，而直抵滚滚流淌的珠江边，与北门牌坊遥守相望。你宛如一双观遍历史的眼睛，自1917年起，一直注视并默默地记录着中山大学的前世今生。百年的更迭，几多岁月都已蹉跎成记忆中支离破碎的残片，也始终为你所遍阅：原初为基督教青年会馆（由美国俄亥俄州克里夫兰市的华纳和史怀士公司的总裁安布雷·史怀士出资为岭南学校修建），"文革"前曾是学生活动文化娱乐中心，改革开放后演变为大型会议和学术活动场所。

旅者一心探赏，从南大门进校不远，就会被你那别具一格的半圆深绿琉璃瓦厅堂和砖红地下室将注意力攫住。走近细看，古旧的墙边攀着的是向上曲细盘绕的藤条，历史的印记与新鲜的生命相映衬，显得格外旨趣幽深、耐人寻味。虽说是地下室，却只有一半在地下，另一半则是露于地面之上的窗户。倘若绕行其后，蓦然回首，才看到你那西式的、高居于好几级台阶上的大门。巍巍的大门顶上横着一条走廊，两端各连着一座方形的四层塔楼。与其他众多红楼相比，前塔楼

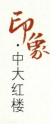

● 图1 在怀士堂前留影的毕业生　瞿俊雄　摄

知识殿堂

后厅堂的格局使你显得分外庄重耀眼与气势非凡,大有任谁都无法与你比肩之意。

在经历了从"怀士堂"到"小礼堂"这一身份转换后,你目睹了流转时光中所有物是人非的变迁。当所有历史都变成尘埃,所有陈年旧事都已化为沉默的文字,你仍以堂奥这个无可替代的身份伫立于此,以现时存在的姿态向我们投送出历史的暗示。仿佛只需透过你那幽幽的瞳孔,便能阅遍那段沧桑的过往。

饱蕴回忆之心

你宛如地位无可替代的心脏,仿佛每一次律动就能把新鲜的血液输往四面八方,为五脏六腑带来崭新的激越,永葆校园有如常春藤一般的生机与活力。

"怀士"之名,本为纪念捐赠者,但也该是对你作为人才聚首、风云际会之地的希冀与赞誉。丁肇中、星云大师、王赓武、胡夫特等来自不同领域的知名人士,他们或激昂或谆谆教导之音仿佛仍回荡在四壁之间。犹记得中文系张海鸥教授在"用文学的方式解读康乐园"讲座中饱含深情地感叹:"怀士堂神圣又神秘,就像千秋的孔子,淑士彰贤,传钵授笈——这里是洗礼的圣地。堂前芳草弥弥,层霄琼瑶郁郁,灯影书香里,说不尽大雁归来,鲲鹏振翼;堂里的演讲伴着掌声,堂前的桃李浴着春风,任是豆蔻年华变了耆旧,任是露润霜滋四海飘零。经商治学为政,谁不从这里启程?月光中走来银发情侣,重温相思树下的往事。如今红豆已成林,只有海棠依旧。"好一句"红豆成林,海棠依旧"。当一批又一批的毕业生恋恋不舍地在你的门前定格下壮志凌云时的倩影(图1),他们身上早已留下关于你的无法抹去的印记——那些激荡灵魂、启人心智的讲座,那些热闹非凡、屏息凝神的招聘会⋯⋯他们在这里脱去稚气,学会超越平庸,勇敢担当。倘若你缺席,该如何寻回隽永在记忆里那波荡漾在心头的涟漪?

担负重任之臂

拥着数十红楼,护着"博学、审问、慎思、明辨、笃行"十字校训,你宛若坚如磐石的臂膀。"诸君立志，是要做大事，不可要做大官""无论哪一件事，只要从头至尾，彻底做成功，便是大事"……1923年，孙中山先生在怀士堂发表了那篇载入史册的演讲，勉励莘莘学子肩负起国家重任，激励他们以"天下为公"为人生理想，这一理想深深地影响了一代代中大学人。当时，孙中山先生身处伟大民主革命激流的浪端，依然十分重视教育，一手造就了一代"为国家、为人民、为社会、为世界服务"的人才。十字训词是他继承传统的教育形式而赋予时代的、革命的教育方针和内容，可以说是近代思想创新的里程碑。饶有兴味之处在于，这出自儒家经典《中庸》第二十章的十字校训，若近看便可发现"明"字左边的"日"竟是"目"。有学者称"明"的古字正是以目为偏旁，也有人说乃孙中山先生有意而为之，希望国人可以开眼望世界，学习西方的先进科技，以此繁荣富强我们的国家。无论是有所深蕴还是一时之误，以孙中山先生之名，传递着铿锵有力的箴言警句，则注定是无论过去、现在或未来，你都肩负的重担与宏任。

虽已春秋更迭，偷走岁月无数，你早已看透尘世，却仍将揣满细碎回忆，张开双臂迎接崭新纪元。胸怀天下之士，这份海纳百川的包容，这种百转千回的深情，早已镌刻在你的灵魂中，雕琢在你的名字里——"怀士堂"。

怀士堂·红楼·映象

林锐填

初见康乐园,是在一本介绍各地大学的杂志上。北门耸立的牌坊古朴而厚重;荷花池、林荫道、绿草坪,处处郁郁葱葱;幢幢红楼,在树木与现代建筑的包围中露出本相,红砖青瓦散发着古色古香。

而怀士堂,却以一种"不真实"的美出现在我面前。它是一幢红墙青瓦、塔楼高耸的中西合璧建筑,坐落于草坪上,为绿树所环抱。建筑外形线条朴素、流畅,建筑整体的红色与大自然的绿色交融,产生一种视觉上的美感。怀士堂虽高尚雅致,却给人以亲近之感。(图1)

图片里的怀士堂的美,令人咋舌惊羡,却不免让人怀疑它的美的真实性:它是否加上了多个滤镜,洗去了风霜的侵蚀,遮掩了岁月的旧痕?直到2016年8月初,我去康乐园游玩一趟,才真真切切感受到这种加了滤镜即失真的美:一切都是那么合适,不用添加任何修饰。蓝天,红墙,青瓦,绿萝,融合在一起,远观朦胧如画,靠近则触碰到梦境。

怀士堂前草坪上,有位老人正在打太极,心无旁骛,神清气定;一伸手,一抬脚,稳健如松。迎面有青年走来,精神抖擞,手携书本,谈笑风生,健步走过这幢充满故事的红楼。时空似乎在此刻静止,眼前的画面成了永恒的美丽,空气中停留着雨后草儿冒尖的泥土香气,带我去探索怀士堂的过去。

怀士堂是由美国俄亥俄州克里夫兰市的华纳和史怀士公司的总

裁安布雷·史怀士（机床和天文仪器生产商）出资为岭南学校修建的基督教青年会馆，于1915年动工，1916年落成，为纪念捐赠者而命名为"怀士堂"。中大学子多称其为"小礼堂"。

虽然被称为"小礼堂"，可它的格局不小。怀士堂位于中山大学广州校区南校园中轴线上，背向南门，遥望北门。正门面向孙中山先生铜像，其南面草坪矗立着孙中山先生手书"博学、审问、慎思、明辨、笃行"十字校训。

假想的画面凝结之外，不变的是这幢观遍岁月与风雨，静默矗立于路边、树旁的红楼。树影斑驳中，怀士堂映入眼帘，有醉人的美，有流年的一瞥，有岁月的低吟浅唱（图2）。

青苔爬上了台阶，仿佛在追逐孙中山先生的足迹。刻画着历史痕迹的块块红砖，轻抚，则带来掌心粗糙的触感。琉璃窗户，再靠近一点，踮起脚，投入视线，仿佛就能看到中山先生在红楼里，挥手摆臂，慷慨致辞……红楼的每一个部分，都在诉说往日时光，诉说那些古老的故事。

"中华第一报人"梁发，在风雨如晦的年代，积极参加近代化中文报刊编辑和出版工作，为近代中国出版事业作出了开创性的贡献。他从南洋毅然决然返国帮助林则徐译"夷书夷报"、沟通中西，以成就禁烟大业。他在近代中国社会积极倡导西方文化"自由、平等、博爱"的观念，通过书籍报刊的传播，影响了无数中国人。1920年，梁发逝

◉ 图1 怀士堂　瞿俊雄　摄

世数十年后，在岭南大学首任华人校长钟荣光推动下，迁墓怀士堂北面草坪。钟荣光更是表达了"将来自己得安葬此地"的愿望，其后果葬于梁发墓旁的空地，成就"岭南双墓"的佳话。

1923年12月21日，孙中山先生携夫人宋庆龄到岭南大学视察，并在怀士堂作长篇演讲，勉励青年学生"要立志做大事，不可要做大官"。后来，这段话被镌刻在怀士堂旁一块石碑上，成为不少中大人的座右铭。1924年，孙中山先生为广东大学题写下"博学、审问、慎思、明辨、笃行"十字校训。这十字训词是他继承传统的教育形式，并创新教育思想，赋予教育新的使命的教育方针。延续至今，我们看"德才兼备，领袖气质，家国情怀"这十二字人才培养目标，与校训精神是多么地契合。

……

怀士堂的故事是说不完的！

那是民主斗士反帝反侵略的豪情壮举，为民族洒下鲜血，敢为天下先，染红的革命记忆。1888年，陈少白考入格致书院（岭南大学前身），他与孙中山一起奔走革命，并于1895年参与组织香港兴中会，筹备广州起义。1900年，他创办中国民主革命派的第一张报纸——《中国日报》，《中国日报》刊登了《民主主义与中国革命之前途》等宣传革命的文章，着力呼吁人民群众推翻封建统治，建立民主共和。陈少白为近代中国民主革命作出了杰出贡献。

要立志做大事，不可要做大官，那是孙中山先生的殷切教诲，至今不绝于耳。多少中大学子在这教诲中，潜心钻研，在各个领域发挥了重要的作用。1934年毕业于中山大学地理系、享誉国际的中国地理学家陈国达，一生研究大地构造及成矿学说，一生勤勉，兢兢业业，70岁生日仍在南岭山脉的矿区度过。其创立的"活化构造学说及递进成矿理论"为人类探矿开辟了新的途径。

那是"博学、审问、慎思、明辨、笃行"十字校训逐渐成为中大人文精神之所托。从丁肇中、丘成桐，到奥斯特·罗姆、罗伯特·莫顿，怀士堂逐步变成举办大型会议和学术活动的场所，中外学者名人在怀士堂留下铿锵有力、不绝于耳的声音，深刻影响着中大学子，去奋发、去拼搏、去践行这十字校训蕴含的人文精神。

……

怀士堂，是一部历史书，记录着百年中大轨迹，记录着一代代中大人的心迹。

怀士堂，是一位智者，给予每一位学子智慧，给予每一位过路人历史的启示。

怀士堂，属于一个中山魂，"独立之精神，自由之思想"则是灵魂深处的声音。

行走在康乐园内，渴望探索每一幢红楼的记忆。那么多记忆联通起来，成了一部精彩绝伦的历史舞剧。我拍手叫好，却遗憾成不了其中的舞者，不能踮起脚尖去舞动这美丽的色彩。

格兰堂，似乎响起洪亮掷地的钟声，讲述百年未曾被遗忘的故事。

黑石屋，放下喧嚣，教导青年，要踏实、认真、有抱负。

惺亭，看透了花开花谢，还有百年不衰的民族振兴理想的余温。

……

拾起破碎的青瓦，抚摸上面的裂痕，想象它会见证多少让人血脉贲张的历史。

远处，孙中山先生铜像巍然屹立，指点江山，大气磅礴。

我心中仍有夜雨滴落红楼瓦当的声音。

谭礼庭屋

余志 摄

谭礼庭屋介绍

李思泽 摄

  谭礼庭屋（Tamm Lai Ting House），东南区278号，位于怀士堂东南侧，为坐北朝南的孖屋式建筑。主体两层，并有阁楼一层，除中部大门外，东西两侧各有一小门及小围院。总建筑面积493.3平方米。谭礼庭屋原为岭南大学同学会所和学生住宅，由岭南大学校董谭礼庭先生捐资1.7万港元兴建，建筑费用共计3万港元。

来去空空，斯楼不朽
——记谭礼庭屋

匡梓悦

"最爱是红楼的什么？"

"名字。"

走在康乐园，就像行走在浩瀚的历史之中。蓊蓊郁郁的参天古树，旧迹斑斑的红砖绿瓦，是看得到的历史；而看不见的，当年的风云，已凝聚成匾额上几方大字——那些人的名字，给红楼注入了灵魂和气质，斯楼仍在，他们的故事就依旧会被诉说。

谭礼庭，是这许许多多的名字之一。这位船运大亨为实业救国和国民教育付出了自己毕生的心血。

承继父业，谭礼庭展现了出色的经商才华，在水务、航运和煤矿方面都取得了可喜的业绩，积累了大笔资本。但身处风雨如晦的动荡年代，他摒弃了"熙熙攘攘，皆为利益"和"收敛巨财，荫庇子孙"的狭隘观念，选择了民族大义。

1925年，国民政府在广州成立，需觅地修理、停泊海军战舰，谭礼庭及时站了出来，将广南船坞连同全部设备和船只折价售给政府供海军使用；同年，他捐出自己的人寿保险金，为岭南大学建楼，即谭礼庭屋。抗日战争期间，他的公司损失惨重，但战后盘点发现还剩下一座豪宅、9艘汽轮、铺屋数十间、码头一座等，本以为他会留下这些以度余生，但他做了一个惊人的决定，把全部家当都捐赠给了岭南大学，毫无保留。

谭礼庭曾云："子孙贤，当不在乎遗产；子孙不肖，则遗产徒供挥霍，爱之适害之耳。人生空手而来，其殁也，空手而去，是区区身外

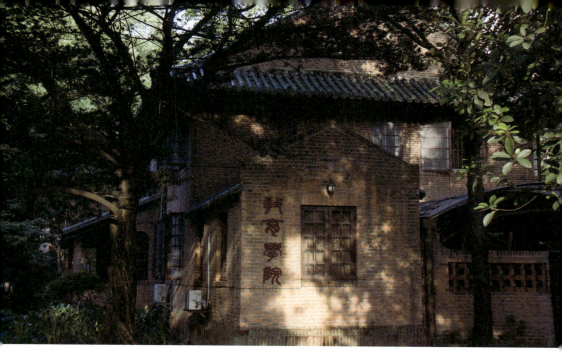

● 图1 夕照中的谭礼庭屋　郑育珊　摄

之物也,何足恋惜?天假吾人以智力运用社会财富,吾人自应以之为社会谋幸福,何必垂荫儿孙始为乐也?"来去空空,多少人的梦寐以求他却视若浮云,这是何等的洒脱气魄。平实的叙述,字字句句却如火苗,直可燎原。这力量来源于他的拳拳报国之心,或许温度有限,终究不能逆转随着黑夜而来的寒冷,但不息的精神一定会再次得见阳光。我也终于能够理解,何以能拯救摇摇欲坠的华夏。正是这些人,他们的力量,如中流砥柱屹立于狂澜而不倒,让河清海晏终于到来。

今日的康乐园,早已从战火纷飞里涅槃,沐浴在祖国南疆的海风和春光下。或有学子捧着书本大步流星,或有老人在青草地上徜徉,旅游观光的人不在少数,随处可见青年人拿着镜头停驻于林间。

而谭礼庭屋,却像一本多年未曾翻阅的书本,静静矗立在主干道侧、怀士堂旁(图1)。我讶异于它安静如斯,到达那里时,三五只麻雀在门前荫翳间啄食着星星点点的阳光,两道正门相对无言,青苔把阶上的红砖点染成绿,瓦当上的"岭南"二字只是依稀可辨,而没人打理的野草,竟从瓦缝里蔓了出来。

脚步声惊走了鸟雀,轻敲年迈风化的红砖,我们,是历史的打扰者。一边走着,回想先生旧迹,我想历史不应如此沉寂,不应只是尘埃里一张模糊的面孔,竹林旁一段可有可无的记忆,它需要我们的翻阅,我们的凝视。筑之以楼,命之以名,我们在古仁人之风中心驰神往,将旧事口口相传、铭感于心,但这亦不是历史最终的使命所在。正如王禹偁《黄冈竹楼记》所写:"幸后之人与我同志,嗣而葺之,应斯楼之不朽也。"历史,应当如亭亭之楼,鉴今人之所为,证后世之所举,后人同志,方能传之不朽。走过红楼,我们触碰到历史,而更应懂得的是,离开斯楼,我们该如何秉笔去承载,去书写。

从康乐园出北门牌坊,行到珠江,先生生前所捐赠之码头今已不复。望着雾气未散的江水和对岸高楼林立的广州城,我想先生"人生来去空空"果真所言不虚,但他终究还是留下了,留下了。

●康红姣 绘

历史的纪念碑
——记谭礼庭屋

余淙竞

南国气候温暖，而花又多开在树上。因此每逢秋天，这里不但落叶，而且落花。

暮秋时节，如果从中山大学的南校门进去，沿着大路一直走到怀士堂附近，你便会看见一棵半树开花、半树飘花的紫荆，亭亭地立在一片蓊蓊郁郁之间。慢悠悠地转过花与树的屏障，竟坐落着一幢碧瓦红墙的小楼。

这是一座双子屋型的两层建筑，东西两侧各有一道红砖铺就的入口。一扇扇红漆木窗整齐地向外打开着，朝向屋前墨绿的草地。琉璃瓦的碧色从屋顶流淌到窗楣，而屋顶的瓦片上又惊奇地长了几根野草。它们又细又黑的茎干笔直地向上生长，在最高处只顶了几片薄薄的叶子，日光透过，显现出翡翠清透的颜色。耳畔鸟鸣啁啾、落木萧萧，所有的视听竟组合成一首幽静而不失色彩的诗歌。

但慢慢绕到小屋的正面，两道正门竟对称得如此工整，肃穆地静立在屋前两侧，幽美的画面顿时多出几分森严。小屋墙上挂着的金属牌会告诉你，这是"体育科学研究所"，但历史会用他洪钟般的声音申辩——"这是谭礼庭屋"。

时间回到一百年前。谭礼庭是当时广州的一位商业大亨。从经营水厂到开采煤矿，在20世纪初的风云动荡里，极具商业头脑的他运筹帷幄，积聚了一大笔资产。无论是支援革命军队，将20多艘轮船送给孙中山用于北伐，还是在抗日战争胜利后将富国煤矿的剩余财产全部捐予岭南大学，谭礼庭都不仅仅是一个图利的商贾。他有心救国也

● 图1 树影斑驳中的谭礼庭屋　余志　摄

热衷教育，在他的捐赠下，谭礼庭屋（图1）于1925年建成。

　　轻轻踏上第一阶台阶，脚边的青苔已漫上红砖。谭礼庭捐赠巨款办学的事迹，让我想起了过去一百年中的许多人与事：孙中山在怀士堂慷慨的演讲，陈寅恪"独立之精神，自由之思想"的呼声，在中山大学以外，也有一生未嫁、只为教育的振华女中校长王季玉……在那样一个风雨飘摇的年代，革命者用泼洒的鲜血震撼腐朽的官僚，驱逐贪婪的侵略者；瘦弱的文人也攥紧了拳头，发出声嘶力竭的呐喊，企图用文字唤醒沉睡的民族；教育工作者奔走在满目疮痍的国土上，改革教育，兴办学校，希望那些少年的思想不要和这片土地一样贫瘠；就连商人精打细算的算盘里，也始终没有丢弃"家国"二字。四处是腥风血雨、征战离乱，这里却有这样一群人：他们呕心沥血，倾尽一生，就像母亲呵护婴孩，只为牢牢守护一个国家的未来。

是的，近一百年过去了，谭礼庭屋的周遭从荒凉的草地变成了繁华的校园主干道。从岭南同学会所，到招生办公室、教育学院、研究所……有无数人在这儿进进出出，高谈阔论。而如今，黑色的镂花铁门紧锁，门楣上的小门灯不知积了多少年月的尘埃。偶有游人来访，环绕一圈后便悄然离开，只留鸟儿在树梢和窗棂间起落，日复一日地垂询着这历尽沧桑的老屋。

　　细碎的阳光点点洒落在赭红的砖墙上，衬得谭礼庭屋更加安详。见证了百年风雨，如今美丽依然、幽静依然的它好似诗中无情的台城柳，"依旧烟笼十里堤"。但建筑何来有情无情之说，有情的是设计它的人，是在这里生活居住，或从它门前经过发出喟叹的人；无情的是忘却历史的人，是麻木地生活，或在现代化的狂欢中抛弃过去、失去赤诚的人。而这康乐园里的座座红楼，又何尝不是每一个"有情人"眼里的纪念碑。

　　每当有青年学子或是白发老者经过谭礼庭屋前的石板路，在那踏碎落叶的窸窣声里，有心的人总能听见历史的回唱。他们驻足沉思、静静观摩的神态，便是向红楼、向历史最好的致敬。

　　建筑无言，历史有声。紫荆的花落了一秋又一秋，门前的人换了一代又一代。一百年间的沧桑往事，千千万万人的赤子之心，谭礼庭屋从不曾忘，我们也不能忘。

马丁堂

郑育珊 摄

马丁堂介绍

王伊平 摄

马丁堂（Martin Hall），又名东院，康乐园东北区334号，1906年竣工。马丁堂位于中山大学广州校区南校园中轴线东侧，孙中山铜像东北面，是康乐园第一栋永久性建筑，由当时美国纽约第五大道大名鼎鼎的斯道顿建筑师事务所（Stoughton & Stoughton Architects）设计，耗资2.5万美元。建筑坐北朝南，总建筑面积2516.48平方米。马丁堂今为中山大学人类学博物馆的所在地，楼南面门楣石匾上的"中山大学人类学系"为费孝通先生所题。

知识殿堂

初春觅红楼
——马丁堂游记

黎颖

沿孙中山铜像东北望去,目光穿过交错纵横的苍木虬枝,谁都无法将视线从一座掩映于青草密林间的古朴小楼——马丁堂上抽离,饱经风霜的她早已与周围的青葱融为一体,只有墙体里凿有"AD 1905"的岩石依然在默默地诉说着一个世纪的辉煌与沧桑。

走近马丁堂,耳朵轻轻地靠近覆盖了淡淡青苔的清水红砖,仿佛能听到她在百年跌宕中的点滴之音。在中山大学校园里一幢幢精雕细琢的红楼建筑中,马丁堂虽不甚显要,但却包揽了两项冠冕——我国第一栋用硬质红砖建起的房屋,亦是我国最早以钢筋混凝土做地面的建筑。倘若有缘觅得南立面的主入口,便能从那块门楣上先前标有"Martin Hall"后改为"中山大学人类学系"(费孝通先生所题)的牌匾上,品读出中西合璧的妙处及雕刻在时光中的历史变迁。

恍惚中,犹如她一个华丽的转身,摇曳着裙摆带我神游百年前。阳光穿过历史的尘埃,折射出马丁堂经典的英式风格:墙内,东、中、西堂以壁炉为分野,并以柱廊的形式勾勒出堂室的轮廓。墙外,考究的砖墙砌接艺术、细腻的墙面花式雕琢、精致的各式线脚……细枝末节之处无不体现出浓郁的英伦风情。与之相契的,是嵌入栏廊的岭南建筑所特有的琉璃花格,以及辛亥革命后加诸其上的宫殿式歇山顶绿瓦,秀丽中更蕴含着一抹清平与庄重。中西相融,该是衔英抱中建来精,多少工夫筑始成。

驻足间,剪影处处。岭南大学第一座校舍马丁堂落成后,便当之无愧地成为主要的教学和办公场所。其前身是图书馆,亦是人类学博

物馆,如今更是中国族群研究中心、人类学博物馆及华南文化遗产研究保护与教学中心所在地。据人类学系友回忆,该博物馆所藏之物历尽战争劫难,幸存者可谓弥足珍贵。在抗日战争前的辉煌时期,馆内文物数量达到2万多件,种类囊括了各种器皿、字画、紫檀木雕刻、人骨标本、佛教雕刻等等。听着系友们渗出自豪的阐述,我的脑海里几乎能透过文字模拟出他们兴致勃勃地一览博物馆的情形——久未对外开放的文物迎来一双双抹不去惊异的眼睛,劫余的雕像难掩风采,民俗珍藏凭着古人对其留下的种种痕迹倾诉沧海桑田的变更。厚重历史感的凝聚,使马丁堂在校内甚至全国的地位举足轻重。倘若翻阅那个年代的师生员工大合影,依然能在泛黄的照片中认出作为背景的她,恬静而绮丽。

顾盼中,时间有如白驹过隙,大钟的针摆定格在1912年5月9日。迎着晨露与莺歌,一袭素衣的孙中山先生驻步马丁堂前,深情地为青年学生做《非学问无以建设》之演讲,立"要立志做大事,努力钻研科学,不可荒废学业"之名言。马丁堂因高度关怀莘莘学子的国父的演说而一举成名,蕴深隽永,青史不灭。

绕堂数圈,依依惜别。堂外口衔飘带的石狮与我四目相对,凝神时,它恍如从流动的线条与逼真的雕刻中跃出,颔首与我道别。至于马丁堂中道不尽的故事,过往时空中的似水流年,就等待下一位游客把好奇的目光投于此,再将那墙内外、砖瓦中、草木里的历史一一细品,回甘(图1)。

🔴 图1 马丁堂侧影 郑育珊 摄

马丁堂的前世今生

李佳惠

人活一世，说长也长，说短也短。生命的活性在物质世界总显得脆弱，似乎必得寄寓于他物才能得到永生。而建筑似乎是人寻到的宝，总是无声息地包容着时间走过的印记，让过去的故事总有一日被记得。

马丁堂就是这样一座建筑，跟随它，觅得到20世纪初的老广州的味道，看得见大学之大师的气度和神韵，也品得到社会巨变下中国教育的生气和迷惘。

马丁堂的今生

走进中山大学广州校区南校园，在孙中山铜像的东北侧，有一幢红砖绿瓦黑窗楣建筑，默默伫立。大门朝南开着，门口隔路相对有一大石狮，石狮为典型的"南狮"，蹲姿回首，脚踩一头小狮子，口含飘带，生动灵巧，被戏称为"马丁堂守护神兽"。

南面的墙壁上嵌着一块题为"马丁堂"的红砖，是1997年11月所立，记录孙中山先生1912年在此做的《非学问无以建设》的演讲，还附有一张合照；正下方花岗岩脚线上则刻着"AD 1905"字样（图1）。另一块砖则交代了这座建筑名为马丁堂，由美国纽约斯道顿建筑师事务所于1905年设计，落成于1906年，后为纪念建校捐款最多的美国辛辛那提工业家亨利·马丁（Henry Martin）先生而改称马丁堂。

门楣上，费孝通先生所题的"中山大学人类学系"格外显眼。

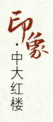

◉ 图1 刻有年份说明的花岗岩脚线　王舒羽　摄

马丁堂的前世

20世纪初，岭南学堂，这座注册于纽约的基督教大学从澳门迁入广州康乐园。美国校董会提供2.5万美元，由斯道顿建筑师事务所设计，马丁堂于一年后落成。自此，硬制红砖、水泥砌成的马丁堂，成为康乐园内第一座永久性建筑，之后，岭南大学也多以红砖绿瓦、中式屋顶和西式墙身为其建筑基调，与燕园的灰砖黑瓦形成鲜明对比。不过在当时，马丁堂尚称"东院"，与"西院"科学馆一路相隔。

马丁堂的故事可以分为三个部分。

第一部分是1906—1947年，马丁堂是岭南大学主要的教学和办公场所。师生员工的大合影及其他各种集体合影，通常都以此为背景。

第二部分是1948年后，马丁堂主要作为图书馆使用，直至1982年图书馆迁至马岗顶新馆。

第三部分是1981年人类学系复办，后该系连同博物馆，于1983年一起迁入马丁堂。

岭南大学的马丁堂

1912年5月7日，孙中山先生受邀到岭南学堂访问，在马丁堂前发表了《非学问无以建设》的演讲。此时，岭南学堂的中学、大学和小学的最高两年级均设在马丁堂，堂内共开18间教室，还设有物理、化学等实验室。一楼中部由博物馆暂用，陈列着动植物及矿物标本，以及古今中外货币和风俗历史器物。1932年，时任岭南大学文学教授的冼玉清女士被钟荣光校长聘为岭南大学文物馆馆长，当时她32岁，这一任便是25年。冼玉清教授终身未嫁，与陈寅恪教授互为知己，也曾是黄天骥教授的节俭之师。

格致书院由美国传教士1888年创办于广州，1900年改称岭南学堂，到1912年则改称岭南学校，1918年称岭南大学。直至1927年7月经民国政府获准立案，正式改名为私立岭南大学，成为第一所向民国政府注册立案的、收回由中国人自办的基督教大学。钟荣光先生被选为岭南大学首任华人校长。

这场教会大学"中国化"的风波可谓酝酿已久。辛亥革命后，民国政府曾颁布《私立大学规程》，明确私立学校的设立必须呈报教育部批准，但教会学校并未理会。1922年2月，中国爆发"非基督教运动"，国人要求"收回教育自主权"。钟荣光、李应林先生顺应时势，在1926年4月的纽约董事局年会上，提出岭南大学应向中国政府申请立案。该立案获得通过。自此，岭南大学相继在钟荣光、李应林、陈序经三任华人校长主持校务期间，逐渐在办学主权、办学定位、办学内容诸方面本土化，渐次完成了岭南大学的"中国化"转型。另外，陈寅恪、容庚、姜立夫等大师级学者的加入，使时有"北燕京，南岭大"之说。

马丁堂等待的中山大学

1923年12月21日,时任大元帅的孙中山先生在岭南大学怀士堂演讲,他说,使中国由弱转强、化贫为富,必须要有很多的人才,造就人才的好学校也不可只有一个岭南大学,广东省必要几十个岭南大学,中国必要几百个岭南大学。翌年初,孙中山先生即在广州创办了一文一武两所学校。武为黄埔军校,文则为国立广东大学。

邹鲁先生作为国立广东大学的第一任校长,对办学质量颇为执着。1932年石牌校址的建设拉开帷幕,资金自是头等大事。邹鲁校长曾有过感叹,"为了筹款,除没有叫人爸爸和向人叩头之外,可以说一切都已做到"。这与为岭南大学的经济独立奋斗余生,足迹遍及南洋及美洲的钟荣光先生可谓"同病相怜"。1924年11月13日,孙中山先生离粤北上,后病逝于北京。11月11日,他留下的"博学之,审问之,慎思之,明辨之,笃行之"成为遗训。

侵华日军占领广州之前,岭南大学全体迁至香港,中山大学也被迫在云南澄江、粤北、粤东等地流转,教室虽不再,但教学、学术活动仍在进行。

直至1952年全国高等院校调整,中山大学师生迁入原岭南大学校址康乐园。马丁堂终于等到了沐浴着新中国春风的中山大学。

与马丁堂相遇的中山大学人类学系

中山大学人类学研究的开创和奠基阶段可以说是1927—1949年间的22年。其中,1927年是一个节点,此后,语言历史研究所成立,中山大学民俗学会成立,均走在全国前列。

1937年日军发动全面侵华战争,原文学院师生与大多数中大师生一样,流转于云、贵、粤地。在此期间,在人类学几位教授的带领下,对中国西南少数民族地区进行了系列民俗调查,取得了许多研究成果。中山大学人类学系是在1948年9月成立的,随后在1949年11月被撤销,人类学系师生转入社会学系。1952年全国高等院校调整之后,全国几乎所有高校的人类学系都被取消。

当时唯一留在中山大学的人类学教授是梁钊韬先生,他在考古学系以"原始社会史"为标签,继续着人类学的研究。1956年,梁先生在历史系成立考古学教研室,在他的提倡下,建起了民族考古学专业。1979年,梁先生悄悄地将民族学的内容补进研究生的课程中。20世纪70年代中期,随着学术环境的松动,梁先生产生了重建人类学系的念头。在1981年的春节,他收到了教育部批准中山大学复办人类学系的通知。1983年,中山大学人类学系落户马丁堂。

中山大学师生团队创作的90周年校庆吉祥物"中大狮"便是脱胎于前述的"马丁堂守护神兽","狮"原假借"师"字表义,后加犬旁为之造字,"狮""师"同音。大学之大,大在大师,大师级的学者和教授是大学的灵魂。

杨成志先生1944年自法归国后就有建立人类学博物馆的心愿,其学生梁钊韬为他完成了。1987年,经教育部批准,在原文物馆的基础上建立中山大学人类学博物馆。该馆馆藏主要分为三大部分:历史文物、民俗文物和少数民族文物。

一时代有一时代的教育,一所学校就是一部历史,使人震撼,催人感悟,给人熏陶。孙中山先生对于中山大学而言,不仅仅是倡导者、组建者,更是一种文化象征和文化资源,是一种思想、一种办学理念。对中大人而言,"孙中山"这三个字就值得人们为其奋斗一生。

谁在红楼守青灯

张馨予

林荫大道，柳絮纷飞，一幢幢红砖绿瓦的小楼掩映其中，于喧嚣中取得一片静谧。马丁堂在红楼之中不算华丽，却以其简约而庄重的建筑风格为康乐园平添了一道经年不变的风景线。其南门前的石狮为典型的"南狮"形象，蹲姿回首，脚踩一头小狮子，口含飘带，生动灵巧却不失傲骨，似乎在以一种独特的方式守护着马丁堂。来到这里的游客很多，他们匆匆驻足，聊充过客。也许他们之中的很多人从未留意，他们镜头下这座用硬质红砖建起的看似朴素的小屋，背后承载着风云变迁下的时代使命所带来的那份历史厚重感。

山不在高，有仙则名；水不在深，有龙则灵。对于马丁堂这样的红楼来说，它的价值不在于建筑本身的华丽或朴素，而在于它所见证的那些人与事。

1912年5月7日，孙中山先生应钟荣光先生的邀请莅临岭南学堂。据载，钟荣光先生与孙中山先生私交甚笃，也是早期兴中会的会员，两人都有着强烈的革命和爱国热情。因此，孙中山先生对钟荣光掌校的岭南大学表现出了高度的关怀和支持，于是有了在马丁堂前一场《非学问无以建设》的演讲："今见学生，令人健羡，益见非学问无以建设也。譬诸除道，仆则披荆斩棘也，诸君则驾梁砌石者也。是诸君责任，尤重于仆也。肩责之道若何，无他，勉求学问，琢磨道德，以引进人群，愚者明之，弱者强之，苦者乐之而已。物竞争存之义，已成旧说，今则人类进化，非相匡相助，无以自存。倘诸君如有志而力行之，则仆之初志赖诸君而达，共和新国亦赖诸君而成。是则仆所厚望于诸君者。"字里行间,流露出孙中山先生对莘莘学子以道德为人、以学术建国的殷切期望。

1912—1917年间,马丁堂一楼中部曾由博物馆暂用,陈列动植物矿物标本、古今中外货币以及风俗历史器物。在这里,走出了"岭南第一才女"——冼玉清。岭南大学文学教授冼玉清女士曾担任这里的馆长,这一任就是25年。冼教授在历史文献考据、乡邦掌故溯源、诗词书画创作、金石丛帖鉴藏等方面功昭学林,被誉为"千百年来岭南巾帼无人能出其右"的"不栉进士"。或许一些人认为奉献一生于学术之上而终身未嫁的冼教授多少会有孤独落寞之感,而我不以为然。当一个人找到愿为之终其一生而不悔的事业时,那种坚韧和努力,是不自觉的,在别人看来是孤独,在自己看来是热爱。

自1948年始,直至1982年中山大学图书馆建成前夕,马丁堂一直是中山大学的主要图书馆。据载,许多著名的学者先后在这里主持过图书馆工作,如享有"北刘南杜"盛誉的图书馆学大师杜定友先生,著名图书馆学家袁同礼先生,著名教育家陈一百先生,中国近现代档案学奠基人和著名图书馆学家、目录学家、史地学家周连宽教授,著名的目录学家、版本学家何多源先生,中山大学图书馆原馆长、信息管理系创办人连珍先生,等等。他们在马丁堂留下的烙印,积淀了这里浓厚的人文底蕴,传承了这里世代的学术气质。

时光如梭,如今的马丁堂换上费孝通先生所题"中山大学人类学系"的堂匾,成为众多人类学研究者的伊甸园。当提及人类学等一众人文科学的时候,人们似乎总是容易产生误解,认为它们是脱离于现实世界的感性产物。而在我看来,人文科学只是换了一种方式表达理性。正如人类学,它并没有以一种与世隔绝的姿态存在;与之相反,人类学者们的每一次田野调查,都是对人类多元文化的一次探索,都是对人类命运走向的一份观照。无论是人文科学本身,抑或其背后无数学者,他们从未脱离时代,他们是周国平先生笔下的"守望者",与时代潮流保持适当的距离,守护人生的那些永恒的价值,瞭望和关心人类精神生活的基本走向。

其实,说南门前的石狮守护着马丁堂,更确切来说,它守护的是马丁堂所承载的学术精神。一整个世纪以来,无论时代经历着怎样的

◉ 图1 灯下红楼 施运豪 摄

喧嚣与变迁，马丁堂里的那盏青灯，始终有人守候。我想起《岭南人》杂志社创刊人梁升强曾说："风者，乍起乍落；人者，前赴后继。"马丁堂拥有着世代学者共同守护的人文关怀，在历史变迁中彰显着学术最本质的力量。没有青灯，马丁堂依旧是马丁堂；但有了青灯，马丁堂被赋予了光明，赋予了价值，赋予了真正能够促进人类文明进步的力量。(图1)

我知道，岁月的洪流终将荡尽地球上的一切痕迹，马丁堂、怀士堂、黑石屋，康乐园的红楼也不能幸免。可这又有什么关系呢？只要青灯不灭，学术精神与人文关怀仍会在代代学者中得以传承，这份观照仍会被送至世界的各个角落，以及时代的各个节点。因为它们是红楼，永恒的红楼。

格兰堂

瞿俊雄 摄

杨昀 摄

格兰堂介绍

格兰堂（Grant Hall），康乐园东北区333号，因楼顶有大钟一口，俗称"大钟楼"，由美国纽约商人肯尼迪夫人（Mrs. John S. Kennedy）捐建，后肯尼迪夫人的姐姐苏夫勒夫人（Mrs. A. F. Schauffler）捐资3500美元购置了家具。为铭记对岭南大学作出重大贡献的董事会成员格兰先生（William Henry Grant），根据捐资者的意愿，大楼命名为"格兰堂"。其工程造价2.5万美元，1916年6月竣工，总建筑面积1823.89平方米，东邻马丁堂。目前，其主要作为学校行政大楼。

知识殿堂

翠阿红楼，偷得三分春煦
——游大钟楼遐想

张惠琳

4月羊城，小雨薄雾或者春煦和风，新绿杜鹃，脱胎于旧时光精雕细琢的大钟楼，慕名而来的游人，偶尔驻足流连的路人，构成了春天里美好的康乐园一景。

不是非要踏青郊外方能觅得春光寸寸。广州的春天，天空是一种不痛不痒的淡蓝，小背囊鼓鼓胀胀的小孩童在杜鹃丛中嬉闹，游人纷纷架起了照相机。杜鹃虽因今年的怪雨淅淅沥沥落了一春而姗姗来迟，仍迎着春潮争妍吐蕊，倔强地为被雨水冲刷得斑斓褪尽的康乐园添色。杜鹃花分别在康乐园大钟楼的两侧簇簇相拥，这一片是喜悦的西洋红，那一片温柔的浅粉中夹杂明媚的桃红，盈盈眼前。花影掩映下的大钟楼绿瓦红砖，高不过四层，四四方方的构造，端正典雅，威严大气，前倚静谧雅致的陈寅恪故居，背靠墨香处处的图书馆。遒劲挺拔的参天古木在侧，粗壮的枝条似壮实的胳膊，环抱沉默的钟楼。深深浅浅的绿里隐藏着阳光的游戏，有如丰盈的氧气，扑鼻而来。

翠柯红楼，古木春华，偷得三分春煦，沉睡了一冬的大钟楼渐渐苏醒。（图1）

大钟楼原名格兰堂，1915年动工，次年落成。和中山大学的大部分红楼一样，"格兰"二字取自人名。为纪念新泽西州一位富商之子、自1896年起任岭南学堂前身格致书院纽约董事局书记兼司库的格兰先生，格兰堂的捐资者将此楼命名为"格兰堂"。格兰堂落成之日起即作行政办公之用，本是岭南大学的行政办公大楼。20世纪中期，中山大学迁入康乐园后，这里一直作为行政办公大楼，目前入驻单位有

学校党政领导办公室、学校党委办公室、学校校长办公室。

"大钟楼"一名实与中山大学有着不浅因缘。中山大学石牌旧址处早有一大钟楼,在动荡颠簸的旧时代,鲁迅先生曾寓居其上,并撰文《在钟楼上》。格兰堂初时即仿照旧址大钟楼的设计建造,其上亦有钟,故别名"大钟楼",后年深失修,大钟毁坏拆卸,但仍保留其名。她虽比旧址大钟楼年轻一点,倒也在风雨飘摇的历史中屹立将近百年。同一所大学内两座百年红楼分享着同一个简单而隆重的名称,衍生出错综纠缠的缘分。有时会有些浪漫的念想,觉得它们仿佛一对在时空中错位的双子楼,在广州城内相互应答,无人破译彼此的密码。念及此,不觉莞尔。今将先生文章之名移花接木到拙作之上,也是在向先生致敬。

董上德老师在中文系任教20多年,回忆起大钟楼,印象最深的便是钟楼钟声。大钟没被拆卸下来、还能正常运作的时候,信步走在校道上,每日整点钟声准时报时。钟声清越洪亮,回荡在校园每一个角落。清晨踏着朝阳步行去教学楼上班,钟声有力,似催人奋进;日

● 图1 翠柯红楼,古木春华 郑育珊 摄

暮时分披着晚霞走去饭堂，钟声声声掷地，似抚慰路人工作一天心形见役的疲惫；至于入夜，夜凉如水，清风习习，树影婆娑，钟声则乘风而动，和月而歌，康乐园倍显清静幽阒。理想高涨的岁月，孑然漫步校园中，钟声一起，带来的是前行的力量，内心的净化，抑或平静的满足感？年轻一辈如你我，和大钟楼的钟声已是无缘。与钟声相伴的日子，兴许已经写进他们的故事，敷衍出千万般阐释。

谈起大钟楼，董老师便会想到已故的古文字学家商承祚先生和大钟楼之间的一段小插曲。多年前的一天，董老师路过大钟楼时瞥见一个熟悉的身影，正在大钟楼的墙壁上不知道捣鼓些什么东西。定睛一眼，正是商老先生。原来当时大钟楼的墙壁被人贴上了很多东西，具体是什么，时光飞逝，董老师究竟是忘却了。是日，商老消瘦的身影一直在大钟楼忙前忙后，亲自把一张张贴着的东西，费劲地撕下来，仔仔细细地清洁好大钟楼的墙壁。老先生目光炯炯，盯着手中的活，眉头紧锁，双唇抿成一个倔强的弧度，额头上的汗滴下来也顾不得擦。

今日校园比之从前，树的年轮一年年地在叠加，红楼也在春去秋来中老去，梭行其间的车辆越来越多、越来越新，传单和海报纷纷扬扬，飞进学校每一个角落，欲望和消费悄然进驻。改变的除了这些，还有大钟楼失落的钟声。但钟声不复，钟楼仍在。曾经作为学校心脏、供给偌大的校园血液的大钟楼，沉淀出百年的时光，还有道不尽的故事。

在钟楼上，在历史里

刘雨欣

大钟楼格兰堂的钟声，已溶解在历史的风中。中山大学却还有另一座大钟楼，在文明路，在校徽里。还有那一个人，在钟楼上，在历史里。

红与绿的搭配，往往都被视作异类，只在绝佳的两处，红与绿可以编织出最美的锦缎：一处是圣诞节，一处便是中山大学。那红堵与翠阿，是撞击，是融合，是遥遥的深邃凝视，是烙印眼底的永不褪色。红色与绿色之间，你是第三种绝色，连鲁迅先生横眉对待世俗的冷眼，都要为之赞叹的绝色。"倘说中国是一幅画出的不类人间的图，则各省的图样实无不同，差异的只在所用的颜色。黄河以北的几省，是黄色和灰色画的，江浙是淡墨和淡绿，厦门是淡红和灰色，广州是深绿和深红。"先生《在钟楼上》的寥寥几笔，恰似泼墨大写意，单是色调，就使广州城如同身着锦绣缎袍的女子，亭亭玉立，眼波流转，殊于他省。

格兰堂便是深红与深绿调配的绝佳鸡尾酒，再洒下几抹金黄的阳光，加以搅拌，便是可以闲坐一个下午来品味的佳酿了。文明路老校区的大钟楼则是灿烂的黄色与白色，仿佛是与之搭配的奶油蛋糕。正是这里，乃是鲁迅先生任中山大学中文系主任时的工作室兼卧室，也是国民党"一大"的会堂、多次学生运动的策源地。

如今静谧的中山大学校园，宜小憩，宜阅读，宜静坐沉思不知朝夕。然而百年以前，警觉的心，不会纵容安逸情绪的蔓长；冷峻而深情的眼，所见皆是华夏大地的多灾多难。于是，鲁迅先生在开学致语

图1 繁花红楼,静谧中大　郑育珊　摄

中疾呼:"中山大学与革命的关系,大概就等于许多书。但不是死书,他须有奋发革命的精神,增加革命的才绪,坚固革命魄力的力量。"

每每读到鲁迅先生的开学致辞,仿佛一个个字缝间,都腾跃着永不安宁的魂灵,在冷眼洞察,在振臂高呼,在痛心叱责。一腔热血,一双冷眼,你如铁的身躯在中山大学行走过一次,便永远不曾离开。"现在,四境没有炮火,没有鞭笞,没有压制,于是也就没有反抗,没有革命。所有的多是曾经的革命,将要的革命,或者向往革命的青年。但这平静的空气,必须为革命的精神所弥漫。否则,革命的后方便成为懒人享福的地方。中山大学也还是无意义。不过使国内多添了许多好看的头衔。"太多的开学致辞,只是向学生描绘光辉人生、太平盛世,你却仗一柄利剑,直指时代弊端。冷言冷语,却是热心热血。

透过你的眼看中山大学,中山大学不再是红堵翠阿堆积的美丽花园,而是百年以来灿烂于南国的学术明珠,是百年以前文化上的黄埔军校。一场场革命焚尽的梧桐枝中,才终于飞出了火的凤凰。先生如秉烛人,指引漠漠昏黑中的莘莘学子,看见不一样的中山大学:"中山大学并不是今天开学的日子才起始的,三十年前已经有了。中山先生一生致力于革命,宣传,运动,失败了又起来,失败了又起来,这就是他的讲义。他用这样的讲义教给学生，后来大家发表的成绩，即是现在的中华民国。"

咀嚼了你的文字，听见的就不只是凡世的靡靡之音。透过了你的眼，看到的就不只是中大的繁花与红墙（图1）。抚过了你的足印，贪恋的就不是康庄大道。

我看见了，你就在那里。在钟楼上，在历史里。

● 康红姣　绘

钟情

霍韵静

8月末大概是广州最闷热的时候,坐在大钟楼中厅长椅上的我大汗淋漓,不仅是因为天气,多半是为了即将到来的学生助理面试。大钟楼的门窗似乎特别厚重,午后骄阳直射,却仍不能穿透,让小小的中厅与一墙之隔的室外相比阴凉许多。可我仍是十分紧张,只坐着椅面的1/3,腰板僵直。"同学,进来吧。"面试终于开始,我亦步亦趋地跟着老师穿过会发出咿呀声响的黝黑木门。

第一次经历这种面试,我紧张得连自己说了什么都不记得,等到面试结束,才总算松了一口气。不再紧绷的神经产生了另一种冲动,迫使我尴尬地开口询问洗手间的方位。没想到大钟楼内通向负一层的楼梯是旋转楼梯,中央的不锈钢圆柱悬挑支撑着木材扇形踏步板,流畅的不锈钢扶手衬托其侧。平常我一定会欣赏它的典雅别致,但此时带着还未完全消散的紧张的我只敢一步一板地慢慢下楼,小心翼翼,手心竟然渗出了汗。

我成为招生办公室的学生助理后,每周要到大钟楼来两次。很快,我便记住了这栋静静立在岭南路尽头的小楼。我记住了她面对幽静低沉的陈寅恪故居,背靠气势恢宏的图书馆;记住了通向正门那一段不长的楼梯,仿佛是她的裙摆,略显骄矜却又并非拒人千里之外;我记住了奠定历史基调的红砖,深沉典雅的黑木门窗,错落有致地装点着全楼的蓝绿琉璃;我记住了毫不吝啬地用紫红色花朵装点她的羊蹄甲。

我当然也记得每次到办公室要做的第一件事,那就是打开门窗。

大钟楼的门窗有着与红砖绿瓦一致的古朴风格，上着黑漆的木框镶着一格格玻璃，推拉时还会发出变了调的旋律。黑木门窗很厚重，把它们推开时会让人有一种错觉，自己似乎于恍惚间推开了沉积的历史。提起或放下略带锈迹的插销仿佛也是一种虔诚的仪式，靠着这一点金属结构固定整扇厚重的门窗，巧妙的平衡令人赏心悦目。

我通常会比上班时间提前一点到达办公室。我会坐在中厅里的长椅上发呆，椅背的线条很流畅，倚靠着坐会很舒服。与坐在身旁同样到早了的同学打声招呼，等上一小会，很快老师便会到来开门。有一次我突发奇想，对坐在屋内感到厌烦，便到门外的小露台去打发时间。我支着下巴，手肘抵在栏杆上，粗糙的石料使我的皮肤微微刺痛。原来栏杆的触感是这样的，我改用手掌抚摸着冰凉的石料，蓦然意识到这是我第一次认真触碰大钟楼，这是我第一次用心与大钟楼交流。

平常我只当这里是每周例行公务的值班地点，这次才真正留意起大钟楼本身来。站在小露台上往外看去，这是一个全新的视角。倚傍着大钟楼栽种的羊蹄甲露出树梢上最娇嫩的绿叶，宽敞的岭南路仿佛也缩窄了，对面是开阔的草地与浓荫掩映的陈寅恪故居。往日熟悉的风景在这时换了个模样，那些沉寂的红砖和青蓝琉璃在这时也变得鲜活。

那天我正在存放着历年招生名录的房间里准备证明材料，以前做这项工作时几乎每一步都要询问别人，此时已经可以自己独立完成了。正当我无聊地复印着一份份文件时，偶然抬头，墙上一面蓝琉璃瓦当闯入我的眼帘。这面瓦当就这样毫无征兆地出现在这里，镶嵌在墙壁的中间，周围没有任何衬托，仿佛是大钟楼悠久历史的孑遗。这是一面圆形的瓦当，龙形纹饰在宝蓝色琉璃材质的映衬下更显灵动。我盯着它，久久挪不开眼睛。我进出这个房间这么多次，竟然一直没有发现如此引人注目的美。我的内心洋溢着惊喜和珍惜，贪婪地把蓝瓦当看了一次又一次。这面瓦当是大钟楼的眼睛，当我发现它的那一刻起，大钟楼在我心中又有了崭新的模样。（图1）

从一个夏天到另一个夏天，我在大学待了快一年，招生办的学生

◉ 图1 窗外春景　郑育珊　摄

助理也当了快一年。我与同学在逸仙大道上走着,迎面走来一个路人,脸上是掩饰不住的急切和疑惑:"请问你知道格兰堂怎么走吗?"南校园里各种各样的堂名目繁多、数不胜数,有很多还藏在地图上都不会标示的角落,实在是难找至极。我自诩对南校园的道路、建筑十分熟悉,听到这个名字也要连连摇头。幸而身旁的同学解了围,抬手指向大钟楼的方向:"格兰堂就在那。"路人连声道谢,急急走开。我却是困惑不解:"诶,那不是大钟楼吗?"同学笑道:"你不是在大钟楼做学生助理吗,你不知道大钟楼就是格兰堂?"

　　我一时无语。快一年了,我确实不知道大钟楼还有个名字叫格兰堂。无论是公布在网上的地址,还是快递往来使用的地址,抑或是日常交流时提及,大家都把"大钟楼"用得理所当然。后来我想在大钟楼正门两旁的石碑上寻找答案,可最终也没有得出结论。为什么这栋楼要命名为格兰堂?为什么大家都用"大钟楼"称呼格兰堂?我原来以为自己对大钟楼很熟悉,此刻却突然意识到自己一点也不了解格兰堂。

新学年开始，我仍在招生办当学生助理，可招生办已不在格兰堂。自从办公室9月迁至锡昌堂，我也没有再到格兰堂去，可每次经过，还是忍不住放慢速度看这栋小楼一眼。我还想再走一次旋转楼梯，还想再开一次门窗的插销，还想再看一次那面蓝瓦当。格兰堂已有百年历史，我冒冒失失地闯入，在短短的一年里，一次次地以为自己认识了她，又一次次惊喜于她不经意间流露的悠长岁月的痕迹。我对格兰堂只是来来往往众人中的一个，既没有参与她漫长的历史，也不会对她的将来产生什么影响。可格兰堂对我不再仅是康乐园中栋栋红楼之一，她很特别，她在我心中很特别。

11月骤然降温，羊蹄甲在凄风冷雨中飘摇，枝头只剩下几点稀稀落落的紫红色。简易的施工围蔽墙把格兰堂和附近的道路遮挡得严严实实，红底黄字的施工告示不带感情地立在工地前方。在改造施工结束之前，我恐怕是连路过时看一眼格兰堂也做不到了。她会发生什么变化呢？应该会变得更好吧。

但愿那面蓝琉璃瓦当还镶嵌在墙上。

但愿偶然发现它的人和我一样惊喜。

哲生堂

蔡秉瀚 摄

杨昀 摄

哲生堂介绍

哲生堂（Chit Sang Hall），又称工学院，康乐园西北区571号，坐南朝北，位于中山大学广州校区南校园中轴线逸仙路西北侧，邻近北校门。1929年，孙科任铁道部部长时，国民政府铁道部为培养铁路及公路专门技术人才，委托岭南大学筹办工科学院。经钟荣光校长与孙科先生商议，双方订立条约十则，规定了学院的名称、性质、地址、经费等诸多事宜。大楼于1931年8月竣工，总建筑面积2187.52平方米，工程连同内部布置等，耗资超过13万元，均为国民政府铁道部拨款。为铭记孙科先生的鼎力支持，该堂建成后命名为"哲生堂"。楼匾"哲生堂"为1982年商承祚教授题写。该楼曾为中山大学信息科学与技术学院办公用房。

哲生堂：昔日的燕子楼

李亚飞

中山大学广州校区南校园散落着上百栋形态各异的小楼，建造时间集中在20世纪上半叶，那是一个跌宕起伏的年代。建筑是时代的晴雨表和风向标，小楼的故事别样精彩。明黄墙身，红色圆柱，绿色琉璃瓦屋顶，宫殿般的外表却有着中西合璧的特色，这便是哲生堂。

中西合璧的建筑文物

哲生堂原为岭南大学工学院教学及实验大楼，地方分配甚为适用，所置实验仪器，均为美国名厂制造。1948年前后曾设自然博物馆于顶楼。后先后用作生物大楼、多个系和专业共用教学楼和计算机系教学楼，现为物理学院大楼。1999年底被列入广州近代、现代优秀建筑群体保护名录和广东省文物保护单位。

这座三层建筑，乃美国纽约建筑师墨菲先生设计。门首檐际，悬兜盘形匾额，上有1982年商承祚教授题写的"哲生堂"三字。大楼坐南朝北，外观仿宫殿式，绿瓦蓝脊，四钟下垂，与陆祐堂相似。首层红砖外墙映衬着古朴凝重的拱形大门，二层为明黄墙面饰以红色圆柱，将大幅玻璃窗隔开。窗外走廊环绕，栏杆则镶嵌翠蓝琉璃通花砖，色彩比对尤为强烈。

上层奢华的中式大屋顶，是中国人司空见惯的斗拱构造。屋顶垂脊和戗脊也饰以人兽等像，但有别于传统的是，最前端带路的仙人是个骑着公鸡的年轻人，这或许是外国建筑师对凤凰这一中国文化中特有的形象不知晓的缘故吧。第二层红柱贯穿至顶（图1），在西方建筑

● 图1 哲生堂的二楼，红柱贯穿至顶　瞿俊雄　摄

中叫巨柱式，比例很接近西方古典建筑，而中国传统为每层柱子彼此独立的叠柱式。

往下层看，建筑有种被拦腰截断的感觉。方形的底座用普通的红砖砌成，使得上下两层风格似乎极不协调。底座为什么用红砖呢？红砖是外来建筑材料，在阳光照射下，红色墙面洋溢着温暖的气息。仔细观察，红砖大小不一，分为丁砖、顺砖，墙面砌法丁顺交叉进行，为法式砌法，结构较稳定。

孙中山之子助学创建

孙科，字哲生，孙中山先生之子，与钟荣光校长有深交厚谊，对岭南大学亦感情深厚，于1927年岭南大学收归国人自办后出任第一届校董会主席。1929年，国民政府铁道部为培养铁路及公路专门技术人才，委托岭南大学筹办工科学院。孙科时任铁道部部长。哲生堂由铁道部拨款建设，1929年行动土礼，1931年竣工，耗资超过13万元。由于孙科先生鼎力赞助，该堂命名为"哲生堂"，为以个人命名的非个人捐赠楼宇。

墨菲先生中西合璧的设计思路与时代密切联系。义和团运动后，在华基督教差会在教育上大量投入，尤其重视教会大学的建设。墨菲抓住这一机遇，规划设计了北京清华学堂校园的整体和四大建筑，以及私立复旦大学校园。20世纪20年代中后期，中国社会涌动新思潮，发起收回教育权的运动。教会学校为缓和矛盾，在建筑方面极力适应中国文化。哲生堂将中国古典建筑的飞檐斗拱与西方色彩明亮的红砖建筑相融合，既是建筑的创新，更是顺应时代的表现。

物非人非的燕子楼

宋诗言："燕子楼中燕子飞，芹泥一点误沾衣。"燕子楼，一个极富诗意的名字，使人联想到江南初春，一栋青石砖砌成的小楼沐浴在杏花春雨中的醉人场景。谁又能想到，在康乐校园内，也有着一栋燕子楼呢？

那时，到南方过冬的燕子喜爱栖息在哲生堂的屋檐下。夕阳西下，盘旋在屋檐下的燕子群成为校园一景。于是人们便将这栋教学楼称作"燕子楼"。天长日久，这个诗意而浪漫的名字慢慢传开。现在的燕子楼已经没有燕子了。谁也不知道燕子们放弃燕子楼的原因，想来岁月覆雨翻云，总是在人们的恍惚间将他们熟悉的人事变改。遗忘了燕子楼的又岂止是那些燕子呢？想必知道哲生堂别名的人亦很是稀少了吧。知晓的人今已与燕子楼偕老。

韶华已逝，缄默不语。也许它的寂寥无法使你爱上它，可是在它的一生中，也曾拥有过这样一段好日子，鸟儿们喜爱它，人们喜爱它，它也积极地以勃勃生机回应着人们投射给它的脉脉温情，散发出它独特的生命力。当榕树的枝叶伴随微风轻抚着它的窗棂，当厚重的木门发出吱呀的声响，你会瞬间明白到，燕子楼是有故事的，只要你愿意聆听，愿意感受，愿意相信。再美的景色，只有住进人的眼睛里，才能够成为真正的风景。

红楼为办大学而建，大学为育人而设。回顾百年来的变迁，后人对它有继承也有破坏，但破坏大多以建设为目的进行。可幸，包括哲生堂在内的这些红楼大多被保留下来，不仅作为教育与科学研究的场所，也传承了百年文化。

哲生堂·深秋·学子

刘雨欣

你所有为人称道的美丽,不及我第一次遇见你。

同是中大学子,而我就读于东校园。东校园的同学们谈起南校园,都不免有惭然之色,仿佛那是别人家的月亮,古韵与清辉无幸照耀自己。每每徜徉于红堵翠阿的梦中,东校园是衣上的黏饭粒,南校园还是床前的明月光;东校园是墙上的蚊子血,南校园却是心口的朱砂痣。几面之缘,南校园的红楼却仿佛虚化成了一抹淡淡的乡愁,若隐若现地横亘于心间的沟壑。

行走于古木蓊郁的康乐园,哲生堂那般明艳地占据了我的视野。时值深秋,哲生堂灿烂的红与黄耀立于碧树掩映之下,仿佛这个季节最美丽饱满的果实(图1)。我就像寻常游人一样,站在墙根下痴痴地仰望它,任时光的皱褶攀上它的墙面,爬入我的眼眸。

哲生堂的建筑风格,是洋人亨利·墨菲诠释的"中国古典复兴",在中式庙堂建筑的庄严之下,又有西式建筑的韵致。仿佛身姿婀娜的仕女,忽而跳起胡旋舞,别是一般妩媚。

南校园的舞曲充满复古的慵懒余韵,在喧闹都市的一隅静若处子。这里适合漫步,适合仰望,适合小憩,只是不适合推土机无情迅猛的碾压。小巷里,翠蔓纠缠着一面面的红墙,岁月在琉璃瓦、实木门、圆拱廊上穿梭。时钟在这里仿佛循着另一种原则运转,恍然一梦醒来,依稀还是上世纪的光影。只是百年前的动荡已是过客,如今余下的是沉淀了的生活,带着卡布奇诺的香醇与古典,宛然似梦。

● 图1 秋日哲生堂　蔡秉瀚　摄

前去哲生堂的路上，我途经八角亭。敞亮的拱窗与亭中的幽暗形成对比，三五学子抱膝坐着窗台上读书，远望竟仿若雕像。阳光以电影射灯的角度打在他们身上，半边人像有着凌厉的轮廓与坚毅的表情，半边人像隐没在黑暗中留下悬念。

人是物化的历史，历史是虚化的人。

我仿佛看见中大精神随着格兰堂的钟声逸散而出，随着松园湖的湖水涌流而出，又随着怀士堂的门扉轻启而出，最终化为学子手中厚实的书章，化为学子雕像似的身躯。

我在东校园便没有见过如此戏剧化的场景。诚然，图书馆里不乏刻苦用功之人，然而这又有多少是迫于考试呢？我认为校园的邂逅或许更为真实，然而路上只有行色匆匆或专注手机。

蕴含着西洋风韵的南校园，像一个优雅的、仪态万方的民国女子，烫起了卷发，在描画着梅兰的旗袍外，套上了一件西式女装。她慵懒地倚在美人靠中，从容看着身旁掠过的人。任年华逝去，优雅风度不减，文化底蕴加深。

纵琐事的尘土蒙蔽心灵，在这里，她用安宁的呼吸抚平眉间的褶皱。

张弼士堂

余志 摄

余志 摄

张弼士堂介绍

　　张弼士堂（Chang Hall），康乐园西南区486号，位于中山大学广州校区南校园中轴线逸仙路南段西侧，西大球场东侧。1921年落成，总建筑面积1702.09平方米，建筑费用8.5万元，其中7万元由张弼士的夫人张朱澜芝、儿子张秩捃捐资，其余费用由多位热心人士捐资。张弼士晚年立下遗嘱，要捐助岭南大学，张弼士堂就是遵照他的遗言修建的。楼南墙大理石楼匾"张弼士堂"为商承祚教授1981年9月所题。张弼士堂落成后，岭南大学附属华侨学校的校舍、教室、办公室和学生宿舍均设在堂里，现为中山大学社会学与人类学学院、基建处、总务处办公地。

知识殿堂

张弼士堂怀思：岁月的故事

<small>中大官微</small>

在康乐园众多精雕细琢的红楼建筑中，张弼士堂不是惹人注目的一座。它掩映在一片茂密的椰林和青翠的绿草之间，安静而不张扬，却难隐其秀，蕴含着老校的幽幽陈香。穿街过巷，寻址楼前，触目所及皆是历史之造化，岁月之沉淀。

一瓦一砖，皆是赤子心魂

张弼士堂由张裕葡萄酒公司创始人——"中国葡萄酒之父"张弼士先生捐建。作为南洋华人富商，张弼士先生一生热心祖国公益和教育事业。早在1904年，身兼清政府考察外埠商务大臣、槟城管学大臣的张弼士就捐资8万银元，在马来西亚创办东南亚第一家华文学校——中华中学堂。

驻足间，却难觅彪炳其人的铭文碑刻，小篆刻写"张弼士堂"四字亦只是裱于张弼士堂的南侧墙体，若非极力而寻实在难以发现。但是，为数不多的印记却难掩当年令人心怀戚戚的故事：遥想张弼士先生晚年时十分关心家乡最高学府岭南大学，直呼："国家贫弱之故，皆由于人才不出。人才不出，皆由于学校不兴。我等旅居外埠，积有财资，眼见他西国之人，在各埠设西文学堂甚多，反能教我华商之子弟，而我华商各有身家，各有子弟，岂不可设一中文学校，以自教其子弟乎？"他愿意捐资修建校舍，作为南洋华侨子弟补习汉语的学校。1916年，张弼士先生不幸逝世，夫人朱澜芝及后裔张秩据遵其遗愿，

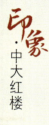

捐资7万银元，邀请时任美国建筑师协会主席埃得蒙茨设计，于1921年建成这座四层小楼，名以"张弼士堂"。1924年，著名学者梁绍文在《南洋旅行漫记》中写道："在南洋最先肯牺牲无数金钱办学的，首推张弼士第一人。"如今，张弼士堂被列为广东省文物保护单位。在中山大学的建筑文物中，它是最早落成的一座以中国人个人名字命名的独资捐建建筑。纵百年间，任是豆蔻年华变了耆旧，露润霜滋四海飘零，张弼士先生拳拳赤子之心、殷殷助学之志却永无蜕变。老去的是你我的岁月，不老的是一脉心魂。

一步一履，寻思岁月记忆

张弼士堂北临逸夫文化艺术中心，西南靠中山楼，非显于闹区，夺眼于林市。驻足堂前，目光便不能从这幢四层长廊式建筑抽离，红墙绿瓦、中西合璧，安详潇洒。四扇明朗开阔的拱形门，精致的西式木质栅栏窗，予人如临教堂的安详静谧。朱砂色的清水红砖已悄悄染上青苔和黑斑，殷红的肌肤在岁月的冲刷下已有些许剥落，露出砖块相接的灰白隙痕。驻目而看，门柱悬挂着"社会学与人类学学院"的匾额，字体清瘦飘逸，镌写硬朗豪迈，为老楼增添苍劲与勃发。拾级而上，粉白相间的地砖，交互相间的木橡横梁精巧夺目。目光随幽远的长廊引向远方的透亮，开阔的阳台吹来绵密的清风，几处盆栽随风摆首，古旧的西式路灯把堂楼衬得悠扬闲适。

逡巡于精妍的建筑内脏，逐层游览，细细体察堂内运作之天成，便发现这幢四层红楼的内蕴丰富和精巧博大。地下室曾作为中山大学档案馆，时藏新中国成立后学校有关教学、科研和管理等的档案共14个门类107543卷及9849张照片，珍藏时间的景象，默诉流淌的记忆。目前楼体主要作为社会学与人类学学院行政办公楼，红墙总伴，岁月相谈，每每工作生活于此古韵之中，心气总是宽舒闲逸。一座红楼便是一门历史，老楼安处一隅，静诉沧桑。

一思一绪，更行更远还生

如同张弼士先生不愿过多留名，整座红楼亦如处子安详不争，静

● 图1 静立一隅的张弼士堂 崔秦睿 摄

观世变，兀自安隐于一隅（图1），献以自我，装点老校。堂前嬉戏少年，球场上玩味篮球之活力与乐趣；堂后优哉老者，在地掷球的嬉乐中追寻闲致与适然。静静游览此地，易动容于时间之壮丽，嗟叹岁月之沉厚。醉于红楼之时，张弼士先生捐资助学、声教南暨的身影仿若浮泛眼前，心绪不免飘向对故人的追思。作为"客家八贤"之一，张弼士幼年在家乡大埔放牛种地，没有读过什么书，深感读书的重要。遥忆1840年鸦片战争后，香港沦为英国殖民地。英人只重视英人子弟的教育，对于当地居民子弟的教育则采取消极态度，香港居民的子弟读书有困难，尤其是上大学更是难上加难。张弼士先生闻讯，为了鼓励华人子弟上大学，捐资 15 万银元设立"张弼士奖学金"，作为办学和奖励华人学子之用。直到如今，"张弼士奖学金"依然绵延，泽被后人。同时，在他的带动下，新加坡、马来亚两地相继兴办了八所华文学校。他感慨地说道："中国是我们的根，人总是要落叶归根的，望华侨华人从国外归乡时，都能荣宗耀祖，为国添光。"光绪皇帝特此赐他御书"声教南暨"匾额一方。

何以见证我们的人生？张弼士先生便用长年热心教育作以笺注。张弼士堂越过百年岁月，载满岁月的故事与历史的牵盼，是对张弼士先生爱国助学之心永恒的纪念。堂前而出，与之依依惜别，思绪恰如春草，更行更远还生。

张弼士先生高喊"吾生为华人，当为中华民族效力"之身影如同老照片般复现脑海。"沧浪欲有诗味，酝酿才能芬芳"，江泽民同志的一席话，仿若在纪念张弼士先生之呕心致业，也似在诉说百年历史下的张弼士堂之弥弥馨香。心中装满张弼士堂的故事与记忆，不时回荡起张弼士先生的吁喊与期盼，催人奋进务实，叫人献而不争。

张弼士堂与晚清南洋华侨首富

欧梦雪

张弼士堂在中山大学广州校区南校园梁球琚堂和中山楼附近,它建成于1921年,起初是作为岭南大学附属的华侨学校,以便利华侨子弟回国读书,补齐所欠缺的科目以备转入岭南大学及其附属中小学。由于张弼士堂建筑面积大,且上下共有四层,华侨学校的教室、办公室、学生宿舍甚至教职工寓所都可以设置其中。抗日战争时,日机轰炸广州,岭南大学一度将上课地点改在了张弼士堂地下室。(图1)

建筑不只是实体,空间也具有感情。2016年正值张弼士逝世100年。暴雨中,当我们手捧书本,走过张弼士堂,瓦当上连连滚落的一排雨滴铺展成了一张荧幕,那里上映着一位爱国华侨援助祖国的故事,和一位18岁少年出海远航、建立南洋商业王国的传奇。

故土与远方

张振勋(1841—1916),字弼士,号肇燮,广东潮州府大埔县(今属梅州市)人。父亲张兰轩在家乡教书、行医。张弼士曾听父亲讲《史记·货殖列传》,颇有感触,感叹道,家里贫穷,便想经商。1858年,家乡发生饥荒,张弼士产生了去南洋谋生的念头。他曾说:"大丈夫不能以文学致身通显,扬名显亲,亦当破万里浪,建树遐方,创兴实业,为外国华侨生色,为祖国人种增辉,安能郁郁久居乡里耶?"父亲见他心意已决,只好同意。

据郑官应撰写的《张弼士君生平事略》的描述,叩别父亲之后,

张弼士几次回头，不忍离去，走到与家门相对的冈边，身体虚弱的父亲倚在家门前目送。张弼士站在原地久久回望，继续往前走是充满希望的远方，但回头却是在灾荒中挣扎的故土。离别的场景让张兰轩意识到：我这个儿子将来一定不会忘记故土！儿子走后，张兰轩对其他人说："观此子远游时，流露真性，断非将来腾达于外，而不回顾家国者。"

如约而至的季风不仅造就了繁盛的海上丝绸之路，也吹满了下南洋的少年憧憬未来的风帆。甲板上，第一次看见大海的张弼士或许还不知道，此刻，父亲正在为有他这样一个儿子而骄傲。那一年，张弼士只有18岁。

南洋商业王国

1858年，张弼士从汕头乘船到达巴达维亚（今雅加达），寄食于大埔会馆。后来又在米行谋生，因聪明能干，老板让他做了账房先生，并将独女许配给他。几年后，老板病危，去世前把全部家产托付给了自己看中的这个年轻人。

当时的巴达维亚是荷兰属地，张弼士用心考察商情，广泛结交朋友。1866年，他创办裕和公司，开辟荒地，种植谷物和椰子。由于善于经营，他20余岁时，便已经涉足当地种植、酒类贸易、税务承包、典当、锡矿开采等领域，财富迅速积累。其后，他开办航运业，让南洋各岛之间，以及南洋和香港之间的轮船上飘扬着清国的龙旗。后来，有感于"华商虽日趋繁盛，而汇兑涨落操自外人"，又与张耀轩兴办了日里银行。

此时的张弼士已从投荒谋食的少年，成为南洋诸岛的华商领袖，创造了一个覆盖南洋诸多领域的庞大商业王国。当地政府因其兴办的实业纳税有功，想授予他官职，他遥望北方，谢绝说："吾华人当为祖国效力也。"

吾华人当为国效力也

1892年，清廷出使英国大臣龚照瑗途经槟榔屿，向张弼士询问发

● 图1 建筑体量恢弘的张弼士堂 余志 摄

82

家致富的秘诀。让人诧异的是,张弼士脱口而出的"成功之道",竟然是几十年前从父亲那里听到的《史记·货殖列传》中李克和白圭的故事。龚照瑗向李鸿章极力举荐张弼士。随后,张弼士被任命为槟榔屿领事,不久又接替黄遵宪任新加坡总领事。从此,他不断往来于祖国和南洋之间,以自己的影响力,号召南洋华侨投资祖国建设。

1897年,经李鸿章举荐,张弼士参与筹办中国通商银行,这是第一家国人自办的银行。次年,张弼士出任该行总董。

1898年,张弼士被李鸿章电召回国,于第二年任粤汉铁路总办,同时兼任佛山铁路总办。此时,张弼士把在南洋的商务交给合作伙伴——广东梅县人张榕轩(名煜南)、张耀轩(名鸿南)兄弟。

1900年,八国联军攻占了北京城;同年,黄河决口,张弼士被委派督办赈灾捐款。由于国事刺激,加之目睹水灾流民之惨状,他满怀悲愤地重回南洋募捐。令他欣慰的是,这次依然是振臂一呼,应者云集,短时间内,便募集了百万两白银送回国内。华侨们知道,只有祖国富强、民族振兴,他们在南洋才是真的有尊严。

张弼士回国后,利用慈禧太后召见他的机会,上书提出了招徕侨商兴办铁路、通过实业收回权益等一系列实业强国的主张。他为赎回粤汉铁路奔走于祖国和南洋之间,在爱国华侨中筹得巨款,并自投巨资扩建粤汉铁路支线广三铁路。同时,张弼士十分关心家乡粤东地区的发展,劝说自己在南洋的重要搭档张榕轩回国兴办了潮汕铁路(1906年通车,詹天佑负责勘测设计)。清廷几次召见张弼士并授予其侍郎衔,以三品京堂候补,不久便加头品顶戴,补授太仆寺卿,充督办闽广农工路矿大臣。

民国元年(1912年),张弼士被委派考察南洋商务,筹办内地开埠事宜,后出任全国商会联合会会长、华侨联合会名誉会长等职。民国三年(1914年),张弼士被袁世凯选定为参政院参政,同年应美国总统威尔逊之邀率团赴美考察商务。

张弼士与孙中山先生

孙中山先生为筹集革命经费,曾到南洋华侨中募捐。而通过收回粤汉铁路等事件,许多爱国华侨也渐渐对清廷失去了信心,开始转向支持以孙中山为代表的革命党人。1910年,孙中山为准备在广州再次发动起义(即后来的黄花岗起义),在槟榔屿住了四个多月,对张弼士在槟榔屿兴办学校、团结华侨的事迹应有耳闻。张弼士支持长子张秩捃加入同盟会,并暗示南洋所属各企业支持在海外活动的革命党人。据说,张弼士回到新加坡后,通过胡汉民暗中资助孙中山30万元;武昌起义爆发后,张弼士与张耀轩又以南洋中华总商会和他个人的名义捐赠了一笔巨款给孙中山;另外,他还捐助7万元给福建军民。

1892年,张弼士在烟台购地开辟葡萄园,创办张裕公司。1915年在美国旧金山召开的巴拿马万国博览会上,张裕葡萄酒获得了金奖。庆功宴上,张弼士说:"唐人是了不起的,只要发愤图强,后来居上,祖国的产品都要成为世界名牌!"以张裕公司为代表的民族企业所取得的成功,刺激了国人兴办实业的热情。在民国初年"实业救国""提倡国货"的呼声中,这些公司成为国人引以为豪的标识。

1912年8月,已卸任临时大总统的孙中山乘船途经烟台,专门拜访了张弼士开办的张裕公司,并题写"品重醴泉"相赠。

张弼士去世后,孙中山特派代表送挽联:"美酒荣获金奖,飘香万国;怪杰赢得人心,流芳千古。"

回葬故土

1916年中秋节,张弼士病逝于巴达维亚,那是他60年前第一次踏足南洋的地方。张家人遵其遗愿将其葬回故土。张弼士灵柩自巴达维亚经新加坡至香港，一路上，英、荷殖民政府下半旗志哀，港督和香港大学监督亲自吊祭。次年，大总统黎元洪派遣广东省长朱公澜去大埔张弼士老家致祭。

1921年，张家人遵循张弼士的遗志，出资7万元在岭南大学捐建一栋校舍，并命名为"张弼士堂"，用于培养华侨子弟。据中山大学历史学系余齐昭老师考证，在中山大学康乐园早期建筑群中，个人捐款最多的校舍建筑，首推张弼士堂。2002年，张弼士堂被列为广东省文物保护单位。

今天的康乐园早期建筑群中，还有很多由南洋华侨捐建的建筑，寻常走过，红砖绿瓦之间已很难再读出太多的感触。楼头画角风吹醒，当我们把目光引向大海，回想他们节衣缩食发家致富的历程，我们应该看到，或许每一块砖都是一滴汗水，每一片瓦都是一个传奇。

十友堂 郑育珊 摄

蔡秉瀚 摄

十友堂介绍

十友堂（Ten Alumni Hall），西北区537号，位于南校园中轴线西侧，东邻陆达理堂。因建筑和设备费出自马应彪、林护、李星衢、李煜堂、梅彩迺、黄世煦、黎拾义、邹敏初、邹殿邦、蔡昌等十位华人，人各万元，并与数十华侨、商会共同捐建，促成此举，故以"十友堂"命名，以为纪念。十友堂为三层加地下室建筑结构，总建筑面积（含地下室面积）2706.31平方米。

初探红楼
——记十友堂

林彤彤

记得第一次到南校园时,被所见景色深深震撼。满目都是树,是赏心悦目的绿色,是人行道两边笔直参天的树,是环绕着红楼苍老粗壮的树。红绿色系的建筑,点缀着一副墨绿、浓绿、淡绿、浅绿的风景画。除了美,再多不出一个字感叹。低矮古朴的红楼,隐没在满目绿色中,毫不起眼。感叹安静闲适的氛围之余,心中所觉,那些红楼,不过是设计者为了契合周遭环境刻意而造。

初探红楼历史,才知道那隐在绿色中的红砖绿瓦、中西结合的高矮建筑,不是后人刻意营造的历史沧桑感。那褪色的铜像,斑驳的墙壁,停滞的钟楼,都是历史的遗留。将近百年,历经战火纷飞、社会变革,它们伫立此地,静默无声地见证历史在眼前流过。座座高楼拔地起,人来人去,昼夜更替。

十友堂也隐在其中。匾额上容庚先生手写正楷大字——十友堂,简洁大方,正如十友堂建筑本身,简朴其外,气韵其中(图1)。十友堂外看只三层,墙体由红砖垒砌而成,屋檐由绿瓦建成。红砖绿瓦,端正庄重,为岭南风格建筑;窗上的雕花于细节中见精致,墙檐上净是历史冲刷的痕迹;牌匾下朱红木门,典雅恬静。推门而入,暖色灯光,格纹地砖,西式吊灯,中西结合,华丽而不失端庄,精致而不失大气。走廊左侧尽头是上楼的阶梯,右侧则另有一番天地:楼梯往下,隐藏着的是地下一楼,略显幽暗的灯光,一条走廊,不见尽头。隐约可以听见房间中传来人的说话声,但丝毫不影响宁静的氛围。

于有声之处见无声之境,或许就是如此。

● 图1 容庚先生手书堂名　蔡秉瀚　摄

十友堂最初为岭南大学农学院,后曾改为博物馆和理学院,经多次沿革,现为物理学院办公楼。"文革"期间,部分楼体被毁坏,后经过修缮,得以基本保存全貌。

大厅的一块牌匾介绍了十友堂名字的由来。20世纪初,岭南大学校友林护、蔡昌、马应彪、李煜堂等十位校友,得知母校需扩充馆宇,乃集资筹建此楼。十位校友各出1万元,并与数十华侨或商会共同捐建,集腋成裘,终成盛举,因而将此楼取名十友堂。

社会动荡之际,校友慷慨解囊,延续了学校的发展历程。红楼,是最好的见证。捐建此楼的林护先生及马应彪先生,还捐资筹建了校园里多座楼宇。了解这段历史,不禁感慨,代代传代代,众人之力,一座百年老校才得以发展至今。也感动于动荡之际,有识之士心系教育事业,国家的发展,离不开他们对教育的大力扶持。这段历史,若只在书中读过、听人叙述过,那种历史感很飘忽很遥远。就像一把沙子,扔到风中,一下子就散了,抓不住,聚不拢。而置身于红楼之间,历史的痕迹依稀可辨;行走其中,听那段历史娓娓道来,一种身为中大人的自豪感油然而生,一种厚重沉郁之感萦绕心中。

来中山大学之前,所听到的关于中山大学的赞美之词,多是985高校、重点大学等等。老师所教的,自己所想的,不过是考一个满意的分数,去一个自己喜欢的专业。曾经固执地认为,专业远比学校重要。

来中山大学之后,和同学们的聊天,话已改成:自己还是太天真,学校的氛围真的十分重要。专业可以慢慢建设,学校的文化及氛围却少不了历史的积攒。抓得住的是楼,抓不住的是时间。一代人走了,一代人又来,传承与更替,时间,成就了一所大学。

走出十友堂,远远站开,看那树枝遮挡的楼。

细碎的阳光刺得我睁不开眼。想象着几十年前,这地、这楼,什么人做着什么事。

一时竟无语凝噎。

日居月诸，斯人未远
——十友堂

孙晓颖

中大红楼，康乐园，十友堂，我在这样一个早晨遇到你。

东校园的学生总是羡慕着南校园的人，羡慕他们拥有一整座康乐园，每天穿梭在红墙绿瓦中，目光所及皆是风景，所到之处都有故事。东校园很好很美，可这美太过现代化，难免会缺少底蕴，其间的人寻不到文化依托，总觉飘忽不定。而走在康乐园的小路上，你会感觉自己是有来处有去处的，这里蕴藏着中山大学的根，一直埋进深深的土里。

我来过这里许多次，我知道怀士堂，知道永芳堂，知道乙丑进士牌坊，知道马丁堂前的石狮。我走过许许多多的路，看过许许多多的楼，触碰过百年之前岭南的气息。老旧的建筑，瓦当上的"岭南"字样，墙面上的紫色砖雕，红砖上的纹理斑驳，门前屋后树影婆娑，给人一种旧时光的感觉。

可是邂逅十友堂却是在很久很久以后的这个清晨。难得的温暖的冬日，阳光一如百年之前那般轻柔，十友堂就矗立在那里，安然静谧，仿佛岁月静好，不觉世事变迁。慢慢走近它，慢慢了解它，我才知道，康乐园的魅力在于，那些高高低低的小楼组成了一个有机的整体，在中山大学的校园里讲述着百年历史，可它们又有各自的故事，在岁月的回廊里浅吟低唱。

走进屋子，脚踩着的黑白交错的地砖，纯白的墙面、立柱与红木家具的组合，民国式的装修风格，都给人一种历史的厚重感。静静经过楼梯来到地下室，我站在走廊处蓦地窒了呼吸。那长长的昏暗的回廊,那墙上的壁灯投下的一个个黄晕,都让人感觉仿佛穿越回百年之前。屋子落成至今已近90年,每一处都几经修葺,早已不是当初的样子,可是抚过墙面栏杆,我却感受到它们的生命,感受到一种强烈的想要诉说的欲望。百年沧桑,漆刷了许多遍,可仍能让人触碰到最珍贵的东西。

大厅里的《十友堂记》记述了这个动人的故事。"上世纪初,岭南大学校友林护诸君知母校亟需扩充馆宇,乃于康乐园西北兴建崇楼","……斯楼之建赖爱国侨胞岭大校友合力斥资……为彰显十友爱校热忱,岭大名斯楼曰十友堂",才惊觉这名字之朴素美丽。"集腋成裘,终成盛举"八字,个中艰辛可想而知。只因岭南大学缺少农学院,只因有一群人深为忧虑,奔走呼告,一座大楼就平地而起。每每读到,内心都会充满感动。这种感动不光来源于建筑本身带给我的震撼,更是因为百年前这片土地上蕴含的真诚质朴的力量。了解得越多,越觉得感慨不已。康乐园中的一座座红楼,都来源于各方的资助。在那个风雨飘摇、自身难保的动荡时期,在岭南这片土地上,热心公益,实业救国,竟成为一种风尚,不得不让人赞叹。

在新事物刚刚兴起的一百年前,岭南人的经商才能在全国首屈一指。或许是因为19世纪中叶的淘金热潮,或许是由于中国社会转型时期的艰难处境,广东沿海的贫苦青年纷纷出海谋求出路,这其中不乏聪明好学、审时度势、善捕时机的人,借着出洋的东风成就了自己的一番事业。"十友"中的马应彪是中国第一家现代百货公司先施百货的创始人,蔡昌创建的大新百货也是中国四大百货公司之一,而四处寻求募捐的林护是香港及南中国的建筑泰斗。他们有着相似的经历,都是在海外发家,回国后事业壮大,并一直热心于革命或公益事业。马应彪追随孙中山奔走革命,提供大量资金,甚至帮助保护孙中山躲避暗杀。而林护从参加同盟会起,便抱定"一切为国"的主张,立志只做事不做官,曾拒绝出任建筑部门长官,被称赞为"革命完人"。

孙中山对乡人曾作过很高的评价:"文则以为吾粤之所以为全国重者,不在地形之便利,而在人民进取性之坚强;不在物质之进步,而在人民爱国心之勇猛。"进取精神和担当意识长久地存在于这片土地上,所以企业家们没有独善其身,而是走上了实业救国的道路。他们兴办学校,支持教育,所做之事有益于人民,因而没有湮没在历史长河中,直到今天仍被后人缅怀。

犹记得怀士堂中的演讲,孙中山的谆谆教诲仍在耳畔:"诸君立志,是要做大事,不可要做大官。"我们深切地怀念那个远去的时代,那个有热情、有信仰、敢为天下先、有家国情怀的时代。我们不断地探求与思索何为"大事",如何做"大事",而日居月诸,一栋栋美丽的建筑矗立在康乐园内,用优雅的姿态给了人们最好的答案。

"现物理学子济济一堂,辛勤学习创新科技,承传十友爱校之诚,同圆振兴中华之梦。"大厅的一角放置着1978级物理系校友敬献母校的雕像,似是开拓者模样,顶天立地奋力呐喊着。我仿佛看到生命的力量喷薄而出,看到无尽的希望正在孕育。

为社会福,为邦家光,这是我们需要传承的中山大学的精神。日居月诸,斯楼永存,十友们就在那里,在静默的岁月中讲述着如歌的故事(图1)。而前路其修远,吾辈亦将上下求索,九死不悔。

● 图1 静默中述说如歌岁月　施运豪　摄

荣光堂

蔡秉瀚 摄

荣光堂介绍

蔡秉瀚 摄

荣光堂(Wing Kwong Hall),康乐园东北区 350 号,1924 年落成,总建筑面积 2558.9 平方米,位于中山大学广州校区南校园中轴线逸仙路东侧,邻近北校门。建筑资金主要由岭南大学学生利用假期等时间,在省港等地募捐,筹款 7 万余元兴建。竣工后,为纪念钟荣光校长的卓越贡献,命名为"荣光堂"。1999 年,荣光堂成为集饮食、住宿和小型会议于一体的服务用房。

● 灯火辉煌的荣光堂　施运豪　摄

沉淀的美丽
——雨天的荣光堂

李浩蔚

早已耳闻午后的荣光堂有伊甸园的纯净安详,可偏就想看雨天的风景。于是,撑一把油纸伞,踏上湿漉漉的旅途。

荣光堂是岭南校友为纪念钟荣光校长而捐建的,虽然经历80多个寒暑,仍巍然耸立。忆起刚开学的时候,饶有兴致地跑到荣光堂观摩了一番,当时自己小资范儿地坐在午后的荣光堂里,端着花色的西式小圆托盘,透过茶色的拱形落地玻璃窗,眯起眼睛窥探阳光与绿叶的嬉戏,支棱着耳朵想听不远处的小孩子在喊些什么,可是,除了时间流淌的喘息,什么都没有。刹那间,我明白了,有一种建筑,没有独特的造型设计,没有现代化的刻意雕琢,却可以美得刻骨铭心。这种美,是厚重的,带有历史的尘香。难得的一份恬静在心中蔓延,没有职场里的激烈竞争,没有势利的成绩竞赛,这里给人一种单纯的静谧,简简单单享受学术的快乐,或许,也正是我们迷失了太久,应该拾起来的东西。

不知道走了多久,依稀能见到红砖,被雨线截断了的颜色尤其的沧桑,情绪一下子再欢快不了,满脑子奔腾着泛黄的历史的画面,只得踏起飞溅的雨水,加快脚步。

晚上的荣光堂,果真另有一种风景(图1)。室内是橘黄色的柔光,欧式的砖墙,熏烟染过的壁橱,满眼都是小家庭式的温馨。收起油伞,走进长廊,一眼就看见了几幅贴在侧墙精美金色相框里发黑的照片。走到跟前,原来是荣光堂的前身,几十年前的女生宿舍之一。应该是个天晴的日子,照片里的荣光堂散发着跳跃着的阳光的喜悦,从树影中露出身影,和现在一样的沉静。

　　正想着,这时,从玻璃反光的映射里看见一位年迈的老者走了进来,在靠窗的隔着我两张桌子的位子坐了下来。岁月的沧桑已经让人看不出他曾经的样貌,但那双炯炯有神的眼睛,泛着泪花的目光,给人无限遐想。服务员微笑着朝他走了过去,问了句:"还是照旧?"老人家满意地点了点头。想必他是这里的常客了,那么他究竟会和这里有着怎样的千丝万缕的关系呢?说来惭愧,虽然身为岭南人,但对荣光堂所知甚少,于是,揣着想探个究竟的七上八下的心冒昧地走了过去,竟意外地收获了一段陈年往事:

　　"岭南大学由萌芽以至发荣,其中有四十年间,与钟荣光先生之关系,非常密切。及今思之,至道不远,若见其人。钟先生一表人才,体修长,双目含笑。和易近人,心慈而口讷。其出也,既无私车,亦无专船,除公共交通工具外,常劳步履。

　　"先生头脑新颖,不落窠臼;爱提倡新潮,不同凡响。久用墨水钢笔,以其轻便也;凡作书上下直行,但各行由左而右,以其不易沾污也。先生素怀大志,用心专一,以育才代治产,以四海为家室,以弟子为儿女。有所言,言岭南;有所思,思岭南;有所筹划,只求有益于岭南。心胸辽阔,眼光远大,不只有民族观念,而且有世界观念,更推之而有人类观念。平生绝不注重同乡关系,尝自述有人请益其籍贯何处,必答谓彼是中国人。处事严,而有幽默感。

　　"其有幽默感。其午睡歌曰:'午后睡眠十五分,有客敲门不起身。莫谓先生无礼貌,先见周公后见人。'雅量有容,超逸寻常。当岭南草创尚为木屋之年,刘同学体志向先生借得羊城古抄一本,不意竟为墨汁沾污,局促不安。先生笑谴之曰:'此书早迟终须破旧,何必介意乎?'"

　　不知是何方神圣,听得我晕头转向,不过,确是领略了钟荣光先生的独光异彩。没有钟荣光先生对教育事业的献身,也没有莘莘学子的茁壮成长,就没有中山大学今日这般的风貌。但钟荣光先生却是这样回顾自己的一生的:"三十年科举沉迷。自从知罪悔改以来,革过命,无党勋;做过官,无政绩;留过学,无文凭;才力总后人,唯一事工,尽瘁岭南至死。"

走出荣光堂,心中仍久久不能平静,深感肩头负有振兴中华之重任,任重而道远。终于明白,即使阴天,这里依旧有着浓厚的学术气息,有着蓬勃的生命力,有着历史的使命感。希望中大学子能够不负钟荣光先生的寄望,将中大精神发扬光大。

● 康红姣 绘

荣光堂小记

吴松岳

周末偷闲去南校园游玩，从南门沿逸仙大道向北漫步，适逢久阴转晴，青年男女、白发老翁、幼小孩童都走出来散步、聊天，贪恋于青草绿树的生机和清澈的天空，欢快与活力在他们脸上绽放。路过了印刻着孙中山"学生要立志做大事，不可做大官"教诲的怀士堂，游览了堂前十八位先贤永垂不朽的永芳堂，我的脚步停在了不那么起眼的荣光堂前，这里是另一番不同的景象。

荣光堂被一圈参天古木围绕。西边和南边是木麻黄，树干上长了许多绿色的寄生植物，毛茸茸的好像披了一层毛衣准备过冬；东边和北边是松树，叶子虽不似木麻黄那般翠绿，却有一种饱经风霜而不凋的感觉。荣光堂的外墙跟其他中山大学的建筑一样以红色为主（图1），一楼最近几年才漆过，红得深沉些，二楼至四楼的外墙则是纯粹的红砖，再往上看则是绿瓦铺就的屋顶，因为树木枝叶茂盛的缘故，从楼下并不能一览她的风情。再移步到荣光堂的正门，镌刻在大理石上的"荣光堂"三字赫然在目，两个威武的石狮子分立左右，往里边看则是两个表情动作夸张的门神，颇为有趣。走进去发现地板软软的，原来铺了红毯，在这般古典的外表背后藏着的热情红色是我始料未及的，心中一阵欢喜，继续踱步往里走，迎面而来几幅水墨画，皆是大家手笔，螳螂、蝴蝶栩栩如生，山水写意，花鸟相欢。

一楼右转是咖啡厅，中间隔着许多包厢，想必是当年作女生宿舍时的房间。在咖啡厅坐下必少不了点些东西解渴，便随意点了个迷迭香茶坐在红墙边。老旧的红墙无声伫立，我却读懂了它的故事，关于

◉ 图1 红得深沉的荣光堂外墙　蔡秉瀚　摄

● 图2 荣光堂小憩　刘雨欣　摄

从前的屈辱和血泪，关于从前的奋斗和抗争。钟荣光早年沉迷科举，荒废数十年光阴，参加革命改变了他的命运。他加入了孙中山创立的中国同盟会，积极筹款支持革命，大半个康乐园的红楼都由他筹建。半生奔波呼号，钟荣光在岭南筑起这片学术圣地，康乐园的每一座红楼都熔铸进他的赤子之心，激励每一届学子饱含家国情怀为国读书。为纪念钟荣光为岭南大学作出的杰出贡献，几位校友发起募捐建了这座荣光堂，康乐园永远记住了钟荣光的名字。

迷迭香茶的芬芳萦绕在我的鼻翼，时钟指针一周一周转到饭点，饭客稀稀疏疏走进堂中，等待饭菜时的畅谈欢笑，无不舒适惬意（图2）。我突然想起某个钟氏弟子对先生的回忆："中山先生以至中外来宾、学者专家、学生家长及一般亲朋，常踵门访问，村人野者亦出入无阻。至于钟夫人飨客之烹饪绝技，交际之丰仪，则有助于先生不鲜也。岭南同学缅怀此屋，视为圣地。"这里说的"此屋"是钟荣光的故居黑石屋，但如今荣光堂改作招待所和咖啡厅，却也继承了他好客平和的秉性，雅士俗夫来者不拒，皆"不亦乐乎"。

荣光堂没有怀士堂、永芳堂的庄重，却多了一份恬淡和惬意。我的前桌是一位教授跟学生在聊企业管理的话题，交谈中显露师生之间的情谊；后桌则是一个中国学生在跟外国学生用英文闲聊，时常发出爽朗的笑声；隔壁桌则是一对情侣相互依偎，享受午后的静美时光。荣光堂本来就不是热闹的地方，却是一角安静的去处。一本书、一杯茶可以挥霍一个下午，两个人、两张嘴可以阔论一方天地。

日落西山之前，我走上荣光堂二楼的阳台，想看看今天最后一缕穿过树冠的阳光，无意中发现一盏旧灯，昏黄了大半个世纪。它还能亮起来吧，毕竟大半个世纪前钟荣光的精神依旧在这座荣光堂亮着呢。

陈嘉庚堂

郑育珊 摄

李思泽 摄

陈嘉庚堂介绍

陈嘉庚堂（Tan Kah Kee Hall），又名附小礼堂、陈嘉庚纪念堂，康乐园东北区341号，坐东朝西，1919年落成，总建筑面积391.67平方米。当时陈嘉庚先生首先认捐了1万新加坡元作为附小修建礼堂之用，为纪念陈嘉庚先生对教育事业的杰出贡献，遂将附小礼堂命名为陈嘉庚堂。此楼曾为中山大学历史系使用。

◉ 图1 陈嘉庚堂全景　李思泽　摄

堂前绿树已成荫

肖惠文

陈嘉庚堂又称附小礼堂、陈嘉庚纪念堂，坐落在中山大学东北区341号。陈嘉庚堂属于岭南大学附属小学建筑群，前后共有7栋红楼紧靠着。岭南大学附属小学前身是蒙养学塾，原为基督教学生青年会之事业，设于学校附近乡村，1914年迁入康乐园成为一独立单位。当年华侨领袖陈嘉庚先生捐资兴建岭南大学附属小学礼堂，1919年6月落成。学校为纪念陈嘉庚先生对教育事业所做的贡献，将该礼堂命名为"陈嘉庚堂"。

整幢建筑分为两层，另有地下室，坐东朝西。堂前有一块石匾，刻着"陈嘉庚纪念堂"六个字，由著名学者商承祚先生亲笔题写。石匾经过多年岁月已经斑驳，长出星星点点的青苔，但是走近看字迹仍然清晰可辨。石匾上放着几盆绿植，长势喜人。（图1）

陈嘉庚堂前有几棵高大葱郁的百年老树，掩映着两层碧瓦铺就的屋檐，红砖绿树，相映成趣。从岭南大学到中山大学，陈嘉庚堂由礼堂一度改为历史学系学生阅览室，现为近岸海洋科学与技术研究中心所在地，百年时空，刹那接近。2000年，陈嘉庚堂被广州市城市规划局列入近代、现代优秀建筑群体保护名录，2002年8月被广东省文化厅批准列为广东省文物保护单位。堂前的石阶已经变成花岗岩，而堂前的绿树已经长成大树，高大挺拔，用苍翠的树冠荫庇着中山大学的莘莘学子。

十年树木，百年树人。红楼为办大学而建，大学为育人而设。陈嘉庚先生是中国倾资兴学的第一人。他办学规模之大、时间之长、影响之广，在中国近代史上首屈一指。即便在事业低潮时，他也不愿减少教育上的开支，说："果不幸因肩负校费致商业完全失败，此系个人之荣枯。"愿意锦上添花的人很多，可是将办教育作为自己的责任而始终如一，就算破产也在所不惜的，只有陈嘉庚先生一人而已。百年来，莘莘学子在陈嘉庚堂学习、成长，陈嘉庚先生英灵若有知，应该会得到些许慰藉吧。

每一次从陈嘉庚堂前走过，我的脑海里就会不由自主地浮想一些图景：陈嘉庚堂刚建成的时候，是怎样的景象？恰同学少年，风华正茂。1919年，五四运动刚刚过去，当年岭南大学的学生们，是否也在这座礼堂里做振奋人心的演讲？中华人民共和国成立后，教育界迎来新的春天，那时的中大学子，是否在生命最美好的年华拼命吸取知识？"文革"时，石匾上原来刻的"陈嘉庚堂"字样被凿去，红楼是否因此黯淡无光？1982年前后，陈嘉庚堂被用作历史学系学生阅览室，那时的历史系同学，是否在阅览室中遍览古今中外？

近百年之后，我们也来到了这里。路过一幢幢的小红楼，它们仿佛在讲述一段段历史。时间是一件奇妙的工具，可以把人打磨成各种形状，帝王将相和贩夫走卒都由此而来，祖祖辈辈从时间的长河中趟过，末了，在灯下听夜雪压枝，鬓已星星。一代代的学子走进红楼，在红楼里吸取知识养分，聆听大师的教诲。经过四年的潜移默化，成为标准的"中大人"。毕业后，大家各奔东西，身处天南海北，却始终怀念着母校的红楼。让我们刻骨铭心、魂牵梦萦的，不只是红楼的建筑，更是红楼所承载的中大精神。康德说，世界上有两件东西能够震慑人们的心灵，一件是心中崇高的道德准则，另一件是头顶灿烂的星空。面对红楼，我们很容易感受到这种支柱似的信仰，感受到"道"与"学"仍被那些大师们坚持着。

《荀子》中写道："玉在山而草木润，渊生珠而崖不枯。"陈嘉庚堂前草木如此欣荣，固然离不开岭南热土的天时地利。但我仍然认为，葱郁的草木是山高水长的中大精神的外化。大学之道，在于大师。红楼里有着一代代大师的身影，他们的德行和学问令后人高山仰止。在聆听这些大师的教诲时，同学们除了学习到做人做学问的道理，更多的其实是感动。先生之风，山高水长，是以草木滋长，葳蕤生光。

　　回顾康乐园百年来的变迁，这些红楼经历了百年岁月，代表了历史，已经成了传统文化的一部分。当年兴建校舍、办学盛况已经不能揣想，然而康乐园这片土地上余温仍在。幢幢红楼就坐拥流传下来的灵气，学士风流，文章锦绣。电光白驹，百年恍如一瞬。陈嘉庚堂经过历史的沧桑积淀，更加庄严而幽雅。

广寒宫

李思泽 摄

蔡秉瀚 摄

广寒宫介绍

新女学（New Girl's Dormitory），又称广寒宫，康乐园东南区210号，位于中山大学广州校区南校园园东湖南畔，邻近东校门。新女学建筑资金18万元，总建筑面积2922.6平方米（含地下室面积），落成于1933年9月。新女学大楼原为岭南大学女生宿舍，现为中山大学女研究生宿舍。

那时，我住广寒宫

王安浙

前 记 岭南大学是中国最早男女合校的大学之一。1906年，当时的岭南大学只有四名在校女生，因为都是本校教授的孩子，所以并未给她们准备宿舍；1918年，岭南大学与美国长老会海外布道团开办的真光女校达成协议，决定不再单独设立女校，至此，女学生开始与男学生同班读书。起先，女学生住在卡彭特堂，后来由于人数增加，一些中国妇女联合美国新泽西州奥兰治市的市民资助建设了一座更大的宿舍楼，便是1933年9月24日落成的广寒宫。

传说中，月亮上有座华丽的宫殿，名为广寒宫，美丽的嫦娥仙子与月兔相伴此处；现实里，位于中山大学康乐园东南区，面朝东湖、毗邻东门有一栋奇妙的建筑，亦名广寒宫。2010年，从珠海校区来广州参加亚运会志愿服务的我们，便暂居于此。

初见它，透过葱郁的树枝间隙，看到一座八条贯顶朱红柱子贯通四层的建筑，楼顶是绿色琉璃瓦，风格宛如旧时宫殿。走进它，急速暗下来的光线映衬着幽长的走廊，两边30多个暗红的木门，夹住中间灰暗的水泥过道，逼迫出一种慑人的冷清，也把我们初见时"旧"的印象再次渲染得淋漓尽致。那时，尚不知它有着"广寒宫"雅号，后来得知，却也觉得十分贴切，独居一处，曲径通幽，宛如宫殿，真若月上寒宫；再后来，了解到此处一直居住着学校的女硕士生、女博士生，觉得它于孤寂之中又增添一种高傲的味道。孤傲也许是外界人对它的感受，而孤傲中蕴藏温暖则是你住进后才能领略的独特。

在做志愿者的十几天里，除了去海心沙参加彩排演练之外，我们大多在广寒宫里看书、休息，尤其喜欢午后时分的它。11月的太阳不似酷暑的旭日，强烈却不炙热，透过木质边框的玻璃窗洒进暗淡的宿舍。窗外便是两个小小的篮球场，一天中，也只有这个时候最为热闹，活跃的球场气氛，带动了宫内静谧的空气，伴随着温暖的阳光，让身处其中的人感受着两处对比下带来的和谐闲逸。或许正是这般鲜明的对比，才犹显广寒宫内孤傲却蕴藏温暖的特质，如果一味地阳光普照，一味地积极活跃，断不可觉出其中韵味。

广寒宫内最热闹的一定是大家早上起床与晚上洗漱之时（图1）。由于广寒宫内只在楼道的尽头有公共浴室、卫生间，所以每天在这里都能看见五颜六色的水盆被拿来排队，为了节省时间，一个同学洗漱完毕，便站在尽头呼唤那头的舍友快来接应，颇有种"××，你妈妈喊你回家吃饭"的喜感。如此，也能遥想当时女硕士生们居于此的生

● 图1 夜色中的广寒宫　施运豪　摄

图2　红墙绿瓦下的青春岁月　蔡秉瀚　摄

活场景："晚上熄灯后,广寒宫里常常有此起彼伏的笑声和音量渐强的歌声,隔壁的78级师姐没少来敲门警告;而每次开锅煮东西时,香气充溢着整个广寒宫,总是引得隔壁师姐们的嘴馋";"中大的广寒宫并不冷清,经常引来各种小生物的光顾,你常听到令你毛骨悚然的女高音尖叫,特别是洗衣房里,那是硕鼠每天出没的地方。不少同学在那儿练出了破记录的跨栏速度"。这般简单的快乐亦只能是集体宿舍生活可以赋予的。

毕竟,我关于广寒宫的记忆,终究还是太少。十几天的感受道不出它近八十载的历史味道。或许,我们可以在当年第一批入住女学生在广寒宫前的合影中,读出更多的故事:在广寒宫前,近百名女学生留下了她们亭亭玉立的倩影。有穿着长裙的外国女生,更多的则是穿着旗袍的中国女孩子,衣袂飘飘的她们微笑着。确实,作为岭南大学的女儿,她们是骄傲且幸运的,在岭南大学受到的教育和美好的生活,为她们的梦想插上了翅膀,为她们的人生增添了色彩。或者在一些校友回忆录里,可以找到关于它的更多记忆。"它是当时康乐园最美的学生宿舍,"1978级物理系金属专业的钟心师姐在校友回忆录里写道,"在这里度过了难忘的三年时光,这座绿瓦红墙的建筑曾盛载了我们年轻的梦想。在曾经的很长一段时间里,我们每天从《青年圆舞曲》的校园广播中醒来,睡眼惺忪地往教学楼走去,路旁的香樟树在太阳照耀下散发的芬芳把我们的脑袋熏醒。"

  这也许就是记忆的神力,在经历了现实人生沉浮、变幻的洗礼之后,因为这些不变的建筑,勾起了往时的快乐与梦想,那些我们一起经历过的青春时光,那段无忧无虑的过往。(图2)

● 康红姣 绘

北校红楼

周林芳 摄

北校红楼建筑总介

郑育珊 摄

中山大学广州校区北校园,原为国立中山大学医科所在地。北校园的红楼中,中山医学院办公楼,原为国立中山大学医科附属医院楼;医学图书馆楼,原为国立中山大学医科教学楼;此外,还有医学博物馆楼、保健科楼、动物场楼、老干处楼、武装部楼、将军楼、梁雪纪念堂等。

知识殿堂

红楼吟
——参观医学博物馆有感

秦娟

中国红,翡翠绿,是谁打开记忆,渲染历史的浓墨重彩?

西洋风,华夏土,是谁不肯沉睡,敲醒岁月的晨钟暮鼓?

叩开,木门嘎吱,阳光尾随,浅浅一抹,抹不平尘埃的皱褶波澜;聆听,似有耳语,清风捎来,细细密密,数不清年轮的荡气回肠(图1)。

仿佛中,有您饱读医书的身影,苦雨孤灯下励精图治,依稀中,有您弃医从政的抉择,奔走呼号里救国救民。

——从此,"民主"镌刻在中国的革命丰碑上,"忧国"树立于岭南大地上,"中山"熨烙在你我心上!

纸页泛黄,铅华褪去,依旧存留淡淡墨香;字迹模糊,光鲜淡去,依旧闪耀智慧光芒。

黑白照片,轮廓清晰,音容笑貌生动依旧;诊疗器械,赤色锈迹,锋利无比灵活依旧。

是博济医学堂的第一张医学毕业证书,开启了仁爱救民的先河,还是那一丝不苟的本本讲义,萌生了济世救人的决心?

是纯白清冽的微笑,驱散了病痛的阴霾,还是游刃有余的技艺,彰显着事业的卓越?

"1866年"

"西医教育先河"

"医学教育文明"

图1 医学博物馆　李思泽　摄

"救人救国救世医病医身医心"
"梁伯强、陈心陶"
……

是的，是的，就是这些，就是这些字句后面的故事，这些故事里面出现的情节，这些情节里面出现的断断续续的文字，在深深地、深深地熏陶着我们，感染着我们，激励着我们——去延续、去传承先贤艰苦创业之风、严谨治学之风、仁爱行医之风！

明净秋阳，撒泼一地暖暖的和煦；缱绻秋风，吹拂一缕柔柔的发丝。

谁在感悟，感悟一种博大、一种胸怀；谁在感动，感动一种精湛、一种奉献？

"博学审问慎思明辨笃行"
——从此，将与你我同行！

知识殿堂

北校漫忆

刘雨欣

百年前的你,承载着救死扶伤与救亡图存的故事;百年后的我,在你的红墙翠蔓之下安静地怀想。

我不是归人,我只是过客。那个午后,我穿过汹涌的车流和一帘阳光走进北校,走进百年风雨的红楼。我是误坠兔子洞的爱丽丝,一切看起来都是不真实的琥珀。明艳的阳光碎成光斑,坠落斑驳的墙上。老红楼眯起了她的双眼,在撩人的阳光中,回忆翩翩起舞……

在你悠长的和弦里,我是误闯的音符。

《老中大的故事》一书中,龙嘉朗在《怀念母校说医科》里写道:"医学院建于东山百子路的孖朋岗上,附属医院在岗之前部,系欧洲中古时代王宫古堡形式。中间正座,由石阶拾级而登,进医院前门,石刻对联为故校长戴传贤先生手笔。"(图1)

南校园红楼精巧而有韵致,仿佛摆盘的一块块西点,绿茵作描金盘,花木作装饰品。一座一座览遍,有如在蜜糖色的暖阳下,品尝一次愉悦安闲的下午茶。而北校园红楼壮丽且有气势,仿佛一块上好部位的牛排。楼数不多却令人震撼,似牛排一般厚实饱满。一次性览遍,有如置身丰盛的晚宴,领略觥筹交错的壮美。

而龙嘉朗的文中却展现了那个时期的北校园,在花木掩映中多彩柔媚的美感:"院内人行道两旁,遍植西藏红花灌木,春夏之交,红花怒放,满院灿烂,颇为壮观……男生宿舍前面,植紫荆一枝,冬末春初盛开紫花,远望如满树紫雪,益增了春寒料峭的情调……球场两

图1 北校红楼　李思泽　摄

侧，遍植柚加利树，枝高叶茂，婀娜多姿，凉风轻拂，萧萧作响，如鸣琴，如箫韵。月夜散步其间，清幽绝尘，举头望明月，顾影成三人，别有一番诗情画意。"

　　如此意境实为可遇而不可求。须得有善感的心，多情的景，撩人的风，才能勾兑出这样一杯酒，令人沉吟至今，醉得有血有肉。

　　漫步北校园，不禁感叹于选址、设计的精妙。花木扶疏的北校园，幽静宁谧，诚为向时养病、如今治学的良处。而建筑材料与风格的不同，使它不似南校园的幽暗，却是鲜丽的红色，不至于有压抑之感。

　　北校园不大，兜兜转转，竟已步入校外的喧嚷之地。我仿佛天台山遇仙的刘阮二人，脚步踟蹰，恍惚竟不知今是何世。仿佛还溺在时光的褶皱里，任红楼的安宁，吹拂眉间心上的杂绪。

　　愿让我沉睡在你的梦里，或让你蜷伏在我的眼里。

不负年华不负卿
——感怀中山大学北校园

曲名心

清爽的民国风如约而至
飘逸的学士服如影随形
黑色的流苏等待一双温切的手
拨开外面的精彩世界

我把日内瓦的宣言刻在时光的历程
那一年
希波克拉底的箴言还在传诵
那一年
数理化还在人解组胚的世界里闹腾
那一年
粗心的小手打破的玻璃杯滴定管还很透明

这一年
不流悔恨的眼泪
这一年
不诉感伤的离别
这一年
不话无言的结局

● 图1 典雅的北校红楼　李思泽　摄

等年华老去
等回忆影印成画
等所有的故事酝酿出了味道
会记得青春那仓促的脚步
它装订的扉页或许斑驳

不曾忘
小红楼珍藏着
一段段沉重的医学史，锈钝的手术刀
简易的显微镜
模糊了的只言片语依附着残破的书页永垂不朽

不曾忘
图书馆承载着
一幕幕崭新的折子戏
流动的古书册
凝眸的俏书生

淡化了的晨钟暮鼓孕育着厚重的知识万古流芳

不曾忘
杏林园培育着
一代代清澈的小嫩芽
活跃的实验室
多彩的白大衣
凝重了的人来人往输送着卓越的英杰遍布天涯

惟愿
我的全部的全部，是你的千万分之一
你的梦想的梦想
是我不曾辜负的年华，不曾辜负的你

图1 于光影流转中,遇见那么几栋楼 瞿俊雄 摄

学人府邸

当建筑在时间的寒冬里凝固,红墙绿瓦背后的故事像石底的泉水一样静静地等待着。等待回溯的记忆如拂面的春风,让时间的冰川让位、融化;等待叩问的脚步如奔腾之马,追寻每栋楼背后的动人心弦;等待光阴的潮褪去,时间的狂浪之下,人面笑靥如花……

于是,忽然间,会在光影流转、飘飘转转之处,遇见那么几栋楼(图1),那么几个人,那么几段故事。

陈寅恪故居

杨昀 摄

陈寅恪故居介绍

蔡秉瀚 摄

陈寅恪故居,即麻金墨屋一号(Mc Cormick Lodge No.1),康乐园东北区309号,坐南朝北,捐建于1911年,总建筑面积361.85平方米。位于格兰堂南草坪,现为"陈寅恪故居展览馆"。

春风·秋雨·芳草
——康乐园纪事①

黄天骥（中文系教授）

我考进中山大学那一年，是1952年，恰逢全国高等院校调整，原广州岭南大学和原中山大学合并，组成了新的学府。于是康乐园中，人才荟萃，更成为南天巨柱。五十年来，两校师友，曾共舞于朝阳，亦相扶于风雨。两校的优良学风，也水乳交融，汇成一体。庄重秀丽的怀士堂和雄浑质朴的石牌坊，会于一园，相互辉映，成了历史名校校风厚重包容的印证。

陈寅恪故居

怀士堂东侧，有一栋精巧的小楼，那是世界级学术大师陈寅恪教授的故居。

陈教授住在小楼上层，晚年的他，近于失明，学校特意在陈府北门，建造一条白色小路，使陈教授能够依稀辨认，便于散步休憩。现在，小路虽已长满苍苔，人们到这里参观缅怀，依然可以想象到他卓尔不群的身影。

我在求学时，就知道校园里住着这一位"国宝"。传说当年中苏交恶，有关部门为了证实珍宝岛是我国领土，而史书上有关记载却遍寻未获，便派人向陈教授请教。他当即凭着超卓的记忆，向国家提供

---

① 黄天骥：《中大往事：一位学人半个世纪的随忆》，南方日报出版社2004年版，第8～15页。选入本书时有删节。

了宝贵的史料佐证。可惜，这位具有独立人格而又学富五车的权威，"文革"期间，也饱受摧残，还不慎摔断腿骨，郁郁而终。据老校工们说，陈教授去世的那天，校园里一棵大树，无缘无故地倒了。这些事，也许是巧合，也许属讹传，但从中可以窥见师生们以特殊的方式，表达了对大学者的景仰。

大树即或倒下，但陈寅恪教授当年在康乐园里播下的学术种子，已逐渐萌茁成长。他博大严谨的学风和精通多国文字的才华，对中山大学特别是历史系的师生，影响尤深。现在，有研究敦煌学的姜伯勤教授，兼通英、日、俄语，年过六旬，还在学习法语。有研究唐史的蔡鸿生教授，既精通现代俄语，又精通古代俄语，让来访的俄罗斯学者大吃一惊。前两年，有七八位历史系的本科生，法语纯熟，竟能充当法国专家的翻译，备受"老外"称赞。

师生情谊

陈寅恪住所的楼下，还住着另外一位著名的学者，他就是王季思教授。王教授是戏曲史、文学史研究专家，早在20世纪30年代，便以《西厢记》研究著称于世。当年，我去拜访他，他常提醒我说话声音要轻一点，以免影响楼上的陈老先生。我知道，他对陈寅恪教授由衷地钦佩。

不过，这两位邻居，思想发展的轨迹大小不同。

50年前，王老师高兴地看到社会风气的改变，在"中国人民站起来了"的呼吼声中，他感受到了作为中国人的自豪。从此，他全心全意地拥护、执行领导的指示，在"左"的思想影响下，王老师做过一些蠢事、错事。到了"文革"时期，他才幡然觉醒。

"文革"开始，王老师即被视为"资产阶级学术权威"。在"批判会"上，他被"红卫兵"打断了两根肋骨。稍经治疗，以为没事了，谁知断骨尖锐，刺穿了横膈膜。当时不觉，而呼吸之间，膜孔扩大，肠子便从腹部拱上了胸膛。幸而医生们给他在胸口开刀，把肠子拉回了原位，王老师才捡回了一条性命。

楼上的陈寅恪教授敢于独立思考，楼下的王季思教授怀着一片忠

○ 图1 陈寅恪故居　郑育珊　摄

　　诚。然而，最后均遭受凌辱。"闻道有先后"，王老师在肉体上和精神上的创痛，使他"觉今是而昨非"。"文革"过后，我多次亲眼见到他向曾经受伤害的同事，诚恳地道歉。

　　我常怀着崇敬的心情，瞻视这幢小楼（图1），既深深感到那一代中国学人的悲哀，也觉得这小楼绽发出一股无形的力量。陈教授道德文章，对后人的影响之大自不待言。王老师严谨治学，特别是对学生关怀爱护的事迹，也一直在康乐园中传为美谈。50多年前，他敢于挺身救护将要被枪毙的学生；20多年前，他知道一些学生受到不公平的对待，敢于向上申诉，泪痕沾满稿纸。王老师对学生怀着赤诚的心，也当然受到学生的爱戴。到现在，尊师爱生，在康乐园蔚然成风。记得有一次，中文系艾晓明教授受到学校的表彰，还颁发给她一笔可观的奖金。她并不富裕，但当即把奖金全部捐献给有关部门，购买图书，供学生使用。她说："我爱学生，是因为学生爱我。春节期间，有位同学在火车上挤站了20多小时，硬是扛给我10多斤重的自制的糙米糕点。千里鹅毛，我深深感到作为教师的荣耀。"这番话，发自肺腑，闻者无不动容。

前辈学者言传身教，后辈学者努力继承。师生情谊，年复一年，像春风吹绿了康乐园的芳草地。

五十个春秋

在我求学的年代，原岭南大学校长陈序经教授对教育事业的贡献，至为巨大，有口皆碑。当初，许多著名教授，都是他抓住机遇，礼聘到康乐园中的，像陈寅恪、王立、容庚等大学者，多在清华、燕京等名校工作，崇尚严谨学风。而原中山大学由孙中山先生手创，意在让它和黄埔军校，一文一武，成为革命的摇篮。鲁迅、顾颉刚、钟敬文等先驱，都曾到校任职，作风崇尚进取。原两校的理科、医科，更有姜立夫、陈焕镛、柯麟、胡金昌、蒲蛰龙等大师级教授。本来，岭南文化所孕育的包容精神，就为原两校所共有；合并以后，传统得到发扬光大。要办好大学，主要靠有学术上的大师。大师不常有，但遗泽余芳，他们一代一代积聚起来的风范，和康乐园景观相结合，凝聚成厚重的人文精神。到这里求学的人，都会受到包容、务实、严谨、进取的校风的熏陶。

包容，还包括学科相互渗透交叉的内涵。这一点，中山大学的教师有颇深的体会。著名的生物学教授江静波，竟还是广东著名的作家，他的中篇小说《师姐》，出版后大受欢迎，被拍成电影；而中年的哲学教授鞠实儿，兼通数学，他在研究数理逻辑学方面的成就，走在全国的前列；岭南学院的王则柯教授，文理俱精，既能指导经济系的博士生，又能指导数学系的博士生。几年前，校方决定，文科一年级学生，都要把数学作为必修课。逻辑思维和形象思维的融合，有利于青年学生提高文化素质。

我在康乐园生活了50多个春秋。春风暖人，秋雨愁人，人多甘苦，都在心头。和世上许多地方一样，校园里也有污垢，道路中不尽平坦。但是，怀士堂前的那片宽广的草坪，正是康乐园的象征，他开阔舒展，总是生机蓬勃，让生活在这里的学人，生命中充满了鲜活的绿意。

陈寅恪故居
——"脱心志于俗谛之桎梏"①

郝俊

8月的一个清晨,陪一位远道而来的友人走进中山大学广州校区南校园。入正门,最先看到的是伫立在校道两旁粗壮挺拔的白千层,肖然不动的站姿,俨然守护学术殿堂的忠诚卫士。原本灰白的树皮因历经风雨,大多已成褐色,加之层层叠叠地脱落,裂开的树皮,就像一部部传世经典被长年累月地翻阅后出现的磨损和卷边,让人肃然起敬。这片校园又名"康乐园",因南朝袭封康乐公的著名山水诗人谢灵运被贬广州时曾居此地而得名。

徜徉园中,古木林立,碧草茸茂。在这葱郁典雅中,一幢幢古朴的红楼格外引人注目。如果说满目的苍翠是铺展在这勃发之地的怡人景致,那么这些红楼便是康乐园沉积百年而不褪的底色了。

途经园中格兰堂南,有一幢两层高的红色小楼,在秾枝密叶的掩映下显得坚实而有风骨,似乎喻示着主人的品格。相信稍有文化的人见到此楼都不会悄然而去。这座非比寻常的小楼便是中国现代极负盛名的历史学家、古典文学研究家、语言学家陈寅恪先生的故居。

故居原名麻金墨屋一号,建于1911年,由美国麻金墨夫人捐建。1949年1月陈先生一家从上海乘船抵达广州,到岭南大学任教。随着

---

① 本文发表于《人民日报》2015年9月14日第24版,后入选人民日报出版社2016年出版的《人民日报2015年散文精选》。

● 图1 陈寅恪先生半身塑像　郑育珊　摄

20世纪50年代的全国高等院校调整,岭南大学合并入中山大学,先生便移任中山大学教席。1953年夏,先生一家搬到该楼第二层居住,自此,在这幢楼里度过了极不平常的16年。

  故居门前至小院外围有一条水泥路十分醒目。当年学校为方便晚年视力几近失明的陈寅恪行走而特意将路面刷白。这是大师走过的路,也是一条尊师重道的路。面对故居,门右边是饶宗颐先生题写的牌匾——陈寅恪故居,左上方是"东南区一号"的木质门牌,这块旧门牌与墙面严丝合缝,浑然一体,看上去竟不像是钉上去,倒似从里面长出来一般。

  进入正厅,中间倚墙放置的是陈寅恪先生的半身塑像(图1)。先生双唇紧抿,目光深泓,塑像前芝兰清芬,室内高洁素雅。东侧墙面挂着古文字专家陈炜湛教授以甲骨文手书的陈寅恪先生名言"士之读书治学,盖将以脱心志于俗谛之桎梏,真理因得以发扬"。这句话出自陈寅恪于1929年为王国维撰写的碑铭(《王观堂先生纪念碑铭》),以甲骨文书之,更显劲峭古拙,有些字的字形酷似向上托举的手,像是奋力挣脱,又像是决然求索。陈先生一生持守的"独立之精神,自由之思想"即是在此碑铭中首次提出——"先生之著述或有时而不彰,先生之学说或有时而可商。惟此独立之精神,自由之思想,历千万祀,与天壤而同久,共三光而永光。"此言既是评骘王国维,也是陈寅恪自身学术理想的摅怀。

沿着正厅西侧的楼梯上二楼。因为旧式木质楼梯台阶较高,上楼费力,每爬一步,整个楼梯都会轻微震颤而发出声响。伴着沉闷的脚步声,仿佛进入了一段过往的时光。二楼的陈设基本按先生当年生活时的原貌恢复。房间布置简单朴素,家具摆放规整。门窗和地板色泽深沉,犹如那些无法淡去的记忆。走到北墙窗户边,还可以看到安放于楼下北草坪的陈寅恪先生铜像。先生坐靠藤椅,右手紧握的拐杖,就像一个放大了的问号,其坚定的眼神里透出一股抓住问题不放的韧力,脸上专注的神情,让人觉得先生正沉湎于思考之中,以至于忘了上楼。

走出卧室,穿过客厅,来到宽敞的南面走廊。走廊分为两部分。走廊东部与卧室仅一门之隔,是先生的书房和工作室。走廊西部被先生晚年时用作教学的课室,现在仍可看到走廊上十张带桌板的木椅和墙上的一块小黑板。据中山大学原副校长、陈寅恪的学生胡守为教授追忆,陈先生上课时,让人在走廊摆放两排座椅,供学生使用,他自己坐在小黑板下的藤椅上讲课,他的课没有考勤,没有考试,全靠同学们上课的自觉性,那时常来此听课的还有许多教授。先生对待教学十分投入,不管前来听课的学生有多少,始终勤谨敬业。讲到有些特殊名词时,担心学生听不懂,便起身写在黑板上,因为先生目疾,无法视物,有时候黑板上的字迹重叠了都不知道。1950年,胡守为选修了陈寅恪所开"唐代乐府"一课,学生仅有他一人,先生上课照样认真,连着装这样的细节也是一丝不苟,虽然上课地点就在家中,但每次上课都穿戴整齐,即使是夏天,也是一袭长袍。正是在这不到20平方米的走廊上,先生为史学界培养了多位颇有建树的学者。

走廊东部的书房,是陈寅恪从事学术研究和著书的地方。《论再生缘》《柳如是别传》等重要论著均在此完成。特别是皇皇80多万字的《柳如是别传》，先生以"失明膑足"的病残之躯，凭借超乎常人的坚定意志，靠自己口述，助手笔录，以十年之功，完成了这部"痛哭古人，留赠来者"的心血之作。作为助手的黄萱女士曾感言："寅师以失明的晚年，不惮辛苦，经之营之，钩稽沉隐，以成此稿。其坚毅之精神，真有惊天地泣鬼神的气概。"这部寄情寓志的巨著，在治史方法上具有开拓性的贡献。先生执"史笔"，存"诗心"，可谓寄托深遥，正如季羡林先生所言："陈先生晚年之后之所以费那么大的力量，克服那么大的困难来写《柳如是别传》，绝对不是为了考证而考证。他真正的感情、真正地对中国文化的感情，都在里面。"

这位通晓十多种文字的旷世之师，治学甚广。在魏晋南北朝史、隋唐史、宗教史、西域民族史、蒙古史、古代语言学、敦煌学、古典文学等方面均有独到的贡献。陈寅恪宏赡的学识让人惊叹，其爱国热忱同样备受尊崇。1941年12月，日军偷袭珍珠港，发动太平洋战争，并攻占了香港。身居香港的陈先生当时因学校停课，生活拮据，度日艰难。日军曾给陈家送过粮食，但先生态度明确，坚决不受。1942年年初，先生仍困居港岛，在食不饱腹之时，力拒日本人以40万港元托办东方文化学院等事——据陈寅恪长女陈流求回忆："春节后不久，有位自称父亲旧日的学生来访，说是奉命请老师到当时的沦陷区广州或上海任教，并拨一笔款项由父亲筹建东方文化学院等。父亲岂肯为正在侵略中国的敌人服务！"

走出故居，友人问起故居门牌"东南区一号"，是巧合的编号还是另有来历？突如其来的问题不禁让我一时语塞。在这所学校已工作十多年，竟从未想过此问题，顿时心感愧恧。是啊，为何是"东南区一号"？

当我们打算离开时，友人用相机拍了一张故居的侧面照以留念。从照片上看，那条从小楼门前伸出的笔直的水泥路十分醒目，就像一个寻求意义的破折号，直抵眼前。那一刻，我突然悟出了些什么。"东南区一号"，不只是地理位置上的偶然排序，更是康乐园的精神坐标。这个"一"，是一条道路的缩影，一条形而上的学术之路，一条需要坚定前行最终延至深远的精神恒途……

守护一方精神家园
——陈寅恪故居走访记

黄旭珍

直到现在，我们仍在思考着历史遗留给我们的空间，无悔于对学术的选择，坚持着对传统的延续。

——题记

清晨抑或午后，丛生的荒草，在陈寅恪先生故居的阶前，静静品读《论再生缘》，十年前，我的老师，正处于如我们这般的学生时代，让学术变得如此自由浪漫。某日下午，在陈寅恪故居前的草地上，细细整理关于碑刻的讲座录音，青草散发着大地的味道，十年后，我在康乐园感受到学术传承带给我的愉悦。直到现在，陈寅恪故居遗留下的历史沉淀，仍在引发我们思考这个空间里发生的人和事，那份对学术的忠诚，对文化的眷恋，绵延至今，影响了一代代学人对学术的热忱，无愧于对学术的选择，坚持着对先贤之传统的延续。

陈寅恪先生经历半生颠沛流离，1949年在岭南大学校长陈序经的邀请下落户康乐园。1953年夏，先生一家搬到了周寿恺、黄萱伉俪家的楼上，东南区一号二楼，今为东北区309号。这栋百年历史红楼，坐南朝北，红砖为墙，琉璃为瓦，中西合璧，是1911年美国麻金墨夫人捐建，故名"麻金墨屋"。初为岭南大学附属中学校长葛佩之住宅，其后，著名教授谢志光、周寿恺、杨荣国、王起、容庚、商承祚等都曾在此居住。东南区一号也成为学术权威的象征，代表了中山大学也是广东学术的一个辉煌时期。时至今日,无论男女老少、市井鸿儒,每每而来必参观陈寅恪故居,带着敬仰与肃穆,虔诚如朝圣。

在这座古朴的红砖楼里,先生住了16年,直至1969年逝世。一片绿意掩映下,由国学大师饶宗颐手题、潮州木雕大师李得浓先生雕刻的"陈寅恪故居"门匾,字迹苍劲古朴。走进古色古香的故居,先生的半身雕像陈列在眼前,眼神坚毅,双唇紧抿,其内心孤独而桀骜,尽在眼前。循着狭窄的楼梯而上,二楼便是先生生活、著述和授课的地方了。南面向阳的走廊,宽敞而温暖,一眼望去,满目青翠,鸟语啁啾(图1)。先生大概也爱极此地,因行动不便,遂将东部辟为书房兼工作室,西部则摆几张椅子,是为学生听课所用。先生在此授课育人,听课者老师竟多过学生,先生遂被称为"教授的教授"。

东边内室陈列着先生的学术研究成果。先生考证严谨,思维缜密,一生用文言文著述,刊行一定要竖排繁体。在南国家园,先生迎来了晚年最灿烂的著述高峰期,《论再生缘》与《柳如是别传》即在此

● 图1 故居南眺,满目青翠,鸟语啁啾 郑育珊 摄

处完稿。"对现实的感触,对学术精神的思考,平静中显沉重,点滴最上心头,积六十三年人生的感叹,如鲠在喉,不吐不快。"那是先生由无数心血浸出来的著作,他曾对黄萱说:"其实我的脑子每一分钟都在思考问题。"20世纪80年代后期,年已古稀的黄萱回忆陈寅恪这段学术人生,呼为"惊天气,泣鬼神"。短短六字,蕴含着生命的雄伟与悲壮。在晚年膑足的窘迫下,先生仍不忘专心致志于学术,孜孜不倦于教学,但先生却不能如郭沫若般拥有好的研究条件,他只是一位孤寂的老人,在历史的幽深与黑暗长空中回荡着空灵之声。也就是在这栋红砖楼里,先生清流自立,远离政治,立志要做"纯粹的学人"。先生言到:"我要为学术争自由。我自从作王国维纪念碑文时,即持学术自由之宗旨,历二十余年而不变。"壮哉!陈寅恪!这种对气节坚定不移的维护,对文化至死不渝的眷恋,怎能不令吾侪钦仰!根植于灵魂深处的"独立之精神,自由之思想",便是历史系学术传统代代相传的箴言,亦是中山大学莘莘学子之信念所在。

  北面的小阳台,有一张先生在此处的旧照,宁静祥和。我顺着先生望着的方向看去,雄伟的大钟楼,白色的"陈寅恪小道",映衬着虬髯婆娑的藤榕和芬芳绿茵,木兰花散发着幽幽清香,沁人心脾,一如先生学术之魂长青,学者之风永芳。"士之读书治学,盖将以脱心志于俗谛之桎梏,真理因得以发扬。"先生振聋发聩之语,唯有时时铭记以自勉,守护这一方精神家园,方不负此独立精神与自由思想。

陈寅恪故居随笔

林美玉

5月的康乐园，春暖花开。白色的"陈寅恪小道"尽头，便是东南区一号这座有着百年历史的红楼。红砖为墙，琉璃为盖，中西合璧的风格，显得格外静谧安宁。四周围绕宽阔的草坪、参天的大树，常年绿荫，空气中弥漫着绿草的清新与木兰花的幽香。

东南区一号，曾是权威的象征，当然这种权威有时是学术的，有时则是政治的。著名教授谢志光、周寿恺（黄萱）、杨荣国、王起、容庚、商承祚等都曾在此住过。可以说，东南区一号代表了中山大学的一个辉煌时期，也是广东学术文化的辉煌时期。故居的一楼同时展示了上述几位先生的生平介绍及图片，书架上摆放着他们的部分著述。从1953年开始，陈寅恪就居住在此二楼，直至1969年逝世。

学人风骨斯室长馨

现在的陈寅恪故居，没有喧嚣，没有浮华。古色古香的陈设氛围，充满着后人对陈寅恪先生的敬仰之情。门前婆娑的藤榕下，是由国学大师饶宗颐先生手题、潮州木雕大师李得浓先生雕刻的"陈寅恪故居"门匾，字迹苍劲古朴。

进入一楼大厅，陈寅恪先生手拄拐杖傲视前方的半身塑像陈列眼前，坚定的眼神、抿紧的双唇，表现出其内心的孤独与执拗，形象逼真，恍若先生再世。左面墙上悬挂着由中文系陈炜湛教授以甲骨文手书之陈寅恪先生名言："士之读书治学，盖将以脱心志于俗谛之桎梏，真理因得以发扬。"虽是为王国维题的碑铭，但谈的是知识分子的精

◎ 图 1 永恒的仰望 郑育珊 摄

神境界，亦是陈先生一生抱定"独立之精神，自由之思想"之信念，虽历尽坎坷，早年目盲，暮年足膑，矢志不移，学术界称之为"学人魂"。

沿着狭窄的木质楼梯登上故居二楼，眼前陈设，尽量按陈先生当年生活时的原貌恢复。南面的走廊十分宽阔，先生将走廊东部用作书房兼工作室，西部则兼教室。因目盲行走不便，陈寅恪晚年的教学著书工作全部在此完成。西部兼做课室。走廊上摆放着10张带扶手桌板的椅子，墙上还挂着一个小黑板，这就是当年陈先生讲课的地方。

当时一周有两次课，都在上午。课前学生早就端坐好，等助手黄萱敲铃，陈先生则穿好长衫、戴好帽子，拄着拐杖从书房走到黑板前的藤椅坐下，开始讲课。刚开始学生有三十多人，但因为课程讲得比较深，很多学生都听得一知半解，后来听课的学生就越来越少，陈先生也没有责怪，仍然坚持上课。陈先生的课有著名的"三不讲"，还经常吸引其他教授来听课。"教授中的教授"是对其形象的称谓。

永恒的仰望

工作在这座独立的红房子，总会有一种肃穆威严的感觉。每每有慕名而来又对先生不甚了解的访客，我总希望自己能多讲解一些，让他们对先生多一分了解。而每一个来到这里的人，无不怀着一种朝圣的心情而来。仍记得一位鹤发老人，被人搀扶着颤颤巍巍爬上楼梯，在屋中伫立良久，静默不语。将要转身离开那一霎，我瞥见了老先生眼角闪烁的那一片湿润。还有曾听过先生课的学生携夫人来访，一开口便哽咽了，艰难地说道："我一讲起陈先生，就想流泪。"

日前，当代广东世纪学人启动仪式专程选址于此，加拿大皇家学会院士、著名的古典诗词研究专家叶嘉莹女士来访中山大学时，亦在此开学术沙龙，与中大学子交流。故居内设有小型会议桌，书香静谧的氛围，吸引越来越多的院系来此开展学术活动。可以想见，先生的故居由此将增添无数活力，继而逐渐恢复当年的学术盛况，先生的精神也将会一代一代地永远延续下去。（图1）

先生之风，山高水长
——游陈寅恪先生故居

姚楚辉

> 云山苍苍，江水泱泱，先生之风，山高水长。
>
> ——范仲淹

在草坪的一角，几棵苍翠的树木的环绕下，静静坐落着陈寅恪先生的故居。屋前，是先生的坐像，那一双眼睛惟妙惟肖，仿佛能从中看到灼灼光芒。这幢小楼，好像先生一样，安静，沉默，不张扬，却是那样不可或缺。

高考后，收到了朋友送的书，是一本陈寅恪先生的传记，扉页上赞颂了曾在中山大学任教的陈寅恪先生，祝贺了马上就要到中山大学上学的我。一本厚厚的书看完，对于可以在先生曾经任教的学校学习感到荣幸，对于先生的故居更添一份期待。

后来终于如愿以偿来到先生的故居，安静地伫立在校园中（图1）。第一次见到先生的坐像，十分景仰，默默鞠躬。走进先生的故居，先看到的是一尊先生的半身像，伴随着身后窗户照射进来的阳光，带着一丝神圣，他的眼神，还是那样的坚毅。

楼内的陈设很简单，只有一点简单的家具，所以地方并不大，却显得有些空阔，墙上摆放着先生的旧照片。慢慢徜徉，仿佛穿梭了时光，看到了那段陈旧的岁月，虽然已和几十年前大不一样，却也能感觉到一丝先生的气息。

踏着古老的吱吱呀呀的台阶，来到第二层，先生居住的地方，分

● 图1 陈寅恪故居一楼阳台　杨昀　摄

为几个简单的隔间，陈设就像一楼一样简单，足以看出先生生前简单而简朴的生活，一心沉浸于自己的学术而不需要多么好的生活环境，真正的大师风范。小心翼翼地走在因为年月日久而不太结实的地板上，一个接一个房间，大厅、卧室、书房、厕所，已经没有了当初的人气，但修复后的先生故居已经尽力还原先生生前的原样，所以还可以追寻一点先生生活的轨迹，整洁的双人床，空旷的书桌，被矮矮的书架围绕着。印象极深的，是墙上挂着的先生和夫人在白色小道上散步的照片，在仍然寒冷的初春的阳光里，身着棉袄的两个人相伴走着，脸上都带着浅浅的微笑。隔着60年的时光，依然能感觉到浓浓的温暖与幸福。先生的夫人唐筼，是先生一生的知己，一直守护先生到他人生的最后一刻。先生走后，她平静地料理先生的后事，然后又安排自己的后事，就像她对人所说的："待料理完寅恪的事，我也该去了。"相隔仅仅45天，她也离开了人世。这样的爱情，可谓生死相随，令人动容。

阳台上，摆着几张椅子，在先生的最后二十年里，已经失明的他，就是在这里给学生讲学，角落处的藤椅，便是他的教椅，学生们围坐他周围听他讲课。虽然已不复当初的模样，却也仿佛能看到他讲课时专注的神情，可以看到他谈起学术时眼睛里的光芒，可以看到他讲到精彩之处，颤巍巍地站起来写板书的身影。

就是在这个狭窄的小小阳台上，先生构建了一个纯粹的学术空间，一个平等的、单纯的世外桃源。

走出小楼，门前便是那条著名的白色小道，据言是学校特意为先生所修筑，为了满足先生日常的散步需要，因为先生视力不好，所以将道路涂成白色，让先生更好辨认。几十年前，晚年的先生，常常在夫人的陪伴下，在这条路上缓缓行走。后来，这条路便成了著名的陈寅恪小道。

"先生之风，山高水长"出自范仲淹咏严子陵的诗句，陈寅恪先生身上，也有着这样独特的风范。先生晚年自述平生，说："凡历数十年，遭逢世界大战者二，内战更不胜计。其后失明膑足，栖身岭表，已奄奄垂死，将就木矣。"先生一生多有坎坷，其悲惨的经历非常人所能想像，然而他还是保持了他的学术精神和大师风范。早年游学欧美，却没有学位，只为求得学问而不是名利。很喜欢一张先生年轻时在德国留学的照片，风华正茂，书生意气。然而经历了两次世界大战，身体上的伤痛一次次对他产生重击，他也错失了一次次治疗的机会；就连一生中最重要的学术资料，也在长沙的大火中化为灰烬，剩下的还被偷走。

晚年，先生终于过上了安定的生活，在南国的郁郁葱葱中，在中山大学校园中那幢小小的红楼中。我想，在这里，虽然先生仍是身体孱弱、双目几近失明，但他可以安静地生活，可以沉浸于自己的学术世界，有一群求学的学生。但却因为不畏强权的性格，"文革"时期多受迫害，但先生仍不会轻易改变自己的信仰，坚守着"独立之精神，自由之思想"。他说："默念平生，固未尝侮食自矜，曲学阿世，似可告慰友朋。"这是先生的人生追求，不求金钱名利，只希望活得正直而自由独立。堪称三百年难遇的大师，如今虽已走远，但走在他曾经居住过的地方，既感受到难以掩盖的落寞与寂寥，和一丝大师走远的悲伤，也有着与先生更近一步的欣喜。

先生之魂已逝，但先生之风长存，徜徉于这座红楼之中，感受到的是那丝不会消逝的先生之风。

红砖绿瓦蓝通龙，无言唯是泪沾裳

袁蕊

鲜有人注意到这一栋小楼。翠竹蒲葵掩映间，白色的小路从及腰高的木护栏前不紧不慢地延伸出去，翠绿可人的绿色将红墙衬得更加富有历史感。它优雅而沉静，不因物喜不以己悲，正是经历风雨之后平静淡泊的模样。

山不在高，有仙则名；水不在深，有龙则灵。这一栋无言的小楼，曾经也陪伴过一位于历史文学界举足轻重的大方之家——陈寅恪。心似幽兰骨如竹，纵然千锤万凿，任尔东西南北风，依旧坚劲倔强，这就是陈先生。几十年前，就在这里，一位几近失明的老人，一位被颂为"三百年一人"的才子，处身于不夷不惠之间，带着满腔抱负离去。时间将那些动荡与硝烟冲刷得了无踪迹，却将刻骨铭心的历史永远镌刻在我们心上，每一次记忆的牵扯，都在心头漾起那一份悲痛惋惜，升起那一份庄严崇敬。

小楼是坚韧的，正如陈先生对做学问的严谨与坚守。绕着故居移步徐行，绕过西侧窥见依旧葱绿坚挺的翠竹，正想起陈教授当年贬斥势利之人的高风亮节，于三尺讲台上谈古论今的飒爽英姿。在这里，他写下了一生最艰难的作品《论再生缘》，一字一句，实让人佩服陈先生的发覆之功，足可见其做学问至深至精，非读破古史之人不能成此作。对于《再生缘》可谓是论述严谨，由表及里，以小见大，化腐朽为神奇，于史外寻史，眼界之宽之广绝非吾辈所能窥查。"独立之精神，自由之思想"，于动荡之际，足见其对于思想自由的坚守，俗世之人望尘莫及。吾辈品陈先生书，也只能是管中窥豹，知之甚少，而其坚

● 图1 陈寅恪故居　李庆双　摄

定的信念和不羁的性格，却是于字里行间表露无遗，恰似这红砖绿瓦（图1），任凭岁月百般摧残，丝毫不减其英气。只可惜因为特殊的国际环境，此著作当时却是"盖棺有期，出版无日"。

　　小楼见证的，是一个时代的动荡飘摇。或许是他的才华引来上天的妒忌，陈先生在遭遇"二战"、辗转国内外之后，于晚年又遭失明膑足，常年卧床，栖身岭表，却是时时念怀天下，忧叹国事。父亲已因日寇猖獗愤然离世，自己也恶疾缠身，"家亡国破此身留，客馆春寒却似秋。百里苦愁花事尽，窗前犹噪雀声啾。群心已惯经离乱，孤注方看博死休。袖手沉吟待天意，可堪空白五分头。"身世之感，离别之愁，国破之恨皆溢于言表。但他从未放下手中的笔，国可亡，然民族精神文化不可亡灭，身处困境，但依旧坚守着爱国信念，日寇馈米拒不受。初闻日已降，奋笔书下"闻讯杜陵欢至泣，还家贺监病弥衰。国仇已雪南迁耻，家祭难忘北定时"的铿锵句子，风范不输陆游分毫。英魂虽已逝，我们却时时刻刻不敢遗忘这一隅红楼曾经的动荡，先生是带着尊严离世的，小楼的每一砖每一瓦，都因他的坚强不屈更加坚固，于平静中警示我们，慎思明辨，为独立自由而拼搏，至死方休。

小楼也曾经充斥着温情与幸福，上演着悲情的爱情故事。失明膑足，陈先生已无能力教授知识，卧病在床，幸而妻子同心同愁、寸步不离。最坚贞的爱情莫过于此吧，于最危难之际，尚紧握双手，"旧景难忘逢此日，为君祝寿进新醅"，诗中从无愁情怅意，只一味地云淡风轻。丈夫心忧身残，儿女四散，她伸出瘦弱的臂膀，守护着他，守护着风雨飘摇的家。夫妻二人一人口述一人笔墨，做学问论国事，于最艰难之时笑谈初识之日，唐筼女士用女性的全部温情将丈夫的苦难融化，为他带去一丝慰藉。陈先生溘然长逝之后，唐女士也撒手人寰、追随而去。愿他们在天堂相遇时，没有硝烟战火，没有颠沛流离，只是一对爱人，执手相对，眼中是幸福的笑意和久违的希望。

　　百年屹立不倒的小楼啊，你究竟承载着多少动人的故事？那些硝烟弥漫的动乱已然过去，你也修得一身淡泊正气。吾辈又怎能不将你崇敬？"独立之精神，自由之思想"，愿你我铭记于心，付之于行。

● 康红姣　绘

黑石屋

郑育珊 摄

黑石屋介绍

张雅萍 摄

黑石屋（Blackstone Lodge），康乐园东北区306号，位于中山大学广州校区南校园中轴线逸仙路东侧，怀士堂东北向。由美国芝加哥伊沙贝·布勒斯顿（黑石）夫人（Mrs. I. F. Blackstone）捐建，落成于1914年，总建筑面积540.7平方米。曾为岭南大学首位华人校长、著名教育家钟荣光寓所。现为中山大学贵宾楼，用作学校贵宾接待及会议场所。

描述一座建筑而不进入
——黑石屋之印

冯娜

一

陌生的地砖，陌生的琉璃窗子
里面居住过的倾谈、秘密、不成功的革命
被亚热带的植物围拢
黑石夫人，一百年前想象的枝丫
异国的呼吸和梦寐，都有过闪亮的时刻

让它留在此地的，不是草地的音乐和笑声
我们见过被尘土和贫穷覆盖的国家
码头上逃难者的脸孔
——描述一座建筑而不进入
石阶数着玻璃背后的睡眠：
它携带着梦咆哮的声音
要唤醒、要诅咒、要卷起新的风暴

二

短暂的荫凉，让墙壁收缩着自己的阴影
为了此处的宁静，过客们抵抗着远处寒冷的袭击
远处，旧时代粉刷着门房
一位学者的书信，寄往黑暗中的群星

"尽瘁岭南至死"
在泥土中种植树木，用一种稀有的声音
用接近大地的、疲惫的，
只能被未来理解的心智

灯光，让一座建筑有了结实的心脏
会面、告别，与沉重的欲念交手
他们在屋子里脱下帽子、怜悯、决心
在光线中涌动的血液，保持着热情的召唤

有时，从壁橱取下一本书
它描述过这种黑石般的坚硬
它索取过自由
它渴慕过光明
在这里，人人复述着那未被焚毁的意志

三

潮湿的早上，我们来到学校
城市的消息描绘着窗户上的花纹
我们习得不多的历史，散漫地谈论童年
绿瓦红墙，收敛起逝去的潮水和深渊
参观一座建筑，又一代人耗费了全部的心神

门扉时常紧闭
混杂着香樟与雨水的热浪，乐器在响
使者还居住在这里——
陌生的事情，不再年轻的树木
我们阅读那些从未沉睡的诗篇
空气中的浮尘再次得到了拯救

◉ 图1 黑石屋之印　王伊平　摄

四

黑石
——描述一座建筑而不进入
外墙的风景对着行人说话，
清晰的道路在不远处交错

黑石屋，被刻在众人目光上的行星
依然旋转，并等待着
世界任何角落里的回音

于静默处强大
——遇见黑石屋的百年风尘

蔡梓瑜

家乡的老人总说老屋是有灵性的,所以我相信这被黑石屋牵动的情绪,不是莫名的。静默地伫立在苍绿的层层笼罩之中,古堡般稳健。红砖垒起的斑驳墙体,延续着不显山不露水的低调;镶嵌其上的黑色方格窗,犹如智者紧闭着年老的嘴唇,将曾有的波涛化为沉默;只有它西式的大门、门前坚守的洋灯、刻着名字的铭牌,深沉地张扬着它一个世纪的沧桑和荣光。见者无不为它中西合璧的气质动容,为其虽蒙百年风尘而气度自华的魅力所折服。慕名瞻仰的人何其多,而今日毕竟不与旧时同,古屋的前世今生、先人的风雪雨夜,有幸领悟的何其少。

犹忆大一初始,第一次到南校园拜见导师时,导师领着我们熟悉校园,从中文堂而出,一路绕行,到黑石屋处,突然停住脚步。未及惊诧,便听导师开口:"中大最有看头的就是百年红楼。"导师手指一栋古朴雅致的建筑道:"这黑石屋就有近百年的历史,德国总理施罗德来中大发表演说前,就是在这黑石屋和校长会面。"见我一脸的不可置信,导师解释道:"里面可是装饰一新。"可惜窗门尽闭,除却它神秘的名字,我无从知道更多。两年后的回迁,我惊觉心态的不同。大一时是一种游历参观的猎奇,而今更多的是一种安定的归属感。再次见到历经风雨的红楼,心里难免多了欣喜、膜拜、感慨的情绪,交织在一起,奇异地变成一份怜惜的心情。

● 图1 黑石屋的五彩窗　瞿俊雄　摄

尽瘁岭南至死

据载，1914年美国芝加哥伊莎贝·布勒斯顿（Blackstone）夫人出资，为当时担任岭南学堂教务长的钟荣光先生修建寓所。为纪念捐建者，寓所被称为"黑石屋"（图1）。这一叫，带着神秘色彩的名字便沿用至今。教育名家钟荣光先生在此一住便是十载岁月。钟氏弟子回忆曰："中山先生以至中外来宾，学者专家、学生家长及一般亲朋，常踵门访问，村人野者亦出入无阻。至于钟夫人飨客之烹饪绝技，交际之丰仪，则有助于先生不鲜也。岭南同学缅怀此屋，视为圣地。""钟荣光先生乃真真岭南奇士，以奇才、奇行、奇情著称。早年以举人之身名满羊城，科场得意，欢场风流。一朝浪子回头，39岁考取哥伦比亚大学的旁听生，选修教育学，归国后成了自甘清苦的教育家。"而他与旧友钟芬庭女士反抗"同姓不婚"，结为伉俪，亦是口耳相传的一段爱情传奇。钟荣光自称："三十年科举沉迷，自知错悔改以来，革过命，无党勋；做过官，无政绩；留过学，无文凭。才力总后人，惟一事工，尽瘁岭南至死。两半球舟车习惯，但以完成任务为乐，不私财，有日用；不养子，有徒众；不求名，有记述。灵魂乃真我，几多磨练，荣归基督永生。"

先生风采可见一斑，黑石屋也留下了名士的些许生活片段。在这处住所，钟荣光曾为教职工们温和地讲解圣经故事。二楼的小茶室里，他曾与孙中山先生促膝详谈，由同乡情到救国革命，再到志同道合的教育事业。同样是在黑石屋，他把婢女收为养女，教予知识，传授做人的道理。岭南大学首开国内风气，最早招收女学生，几名女学生也寄居于黑石屋中。这样特立独行的名士，相传他的卧室门上贴着一首令人捧腹的打油诗："有客到来不起身，饭后需眠十五分。若语主人无礼貌，先见周公后见人。"私以为，若黑石屋里保存着原貌，那内里的一桌一椅，大概会让人仰头顿首，皆易见名士风采的遗迹。

相交相惜，铸一段革命传奇

曾经有人认为黑石屋有违校园中心区建筑物北南纵轴线走向的设计理念，遂有研究者解释道："当年钟家正门是向着珠江，朝北开的，房顶也北高南低，只是后人种的一排葵竹和大王椰子树挡了视线，显得隐蔽。家宅前还有大草坪作'明堂'，直达现人类学系大楼（马丁堂）。'明堂宽大斯为福'，也颇符合中国建筑风水之说……童年时还听长者讲，屋主一家包括亲友、佣人，平时只准从北门进出，西客门只为公务所用平日不开。客厅筑有台基，是为礼仪之需……当年，孙中山先生曾三临校园向师生作演讲，钟校长均在黑石屋前迎接。"

钟荣光先生从青年时代起就结识孙中山先生，继而追随其革命，他们一生友谊深厚，始终不渝。黑石屋的传奇，也大多与两位先驱的深厚情谊有关。孙中山先生1923年12月21日视察岭南大学，在怀士堂对全校师生演说，希望学生立志要做大事，不可要做大官。演讲结束之后，孙先生就在黑石屋继续与部分师生展开谈话，抨击英、美干涉中国内政的炮舰政策。而1924年陈炯明叛变的时候，也是钟荣光先生在珠江码头，用电船把孙中山的夫人宋庆龄接到了黑石屋避难。

百年红楼，长久怀念

钟荣光先生去世后，岭南大学的师生将黑石屋视为圣地，继任校长们都谦让不肯居住。1948年，岭南同学总会会长杨华日与校长陈序经商量，将黑石屋作为岭南同学总会会址，以表达对钟校长的怀念之情。

而今的黑石屋即使因承担着接待贵宾的功能，长年难得一窥室内真貌，但它独特的建筑气质和所沉淀的百年精神，仍深受中山大学师生的热爱，黑石屋已经成为中大学子毕业照的必要取景点了。黑石屋是中山大学悠久历史的掌故之一，不单是康乐园的著名景点，众星捧月般簇拥着黑石屋的，如怀士堂、爪哇堂、麻金墨屋、马丁堂、格兰堂、十友堂等，均为钟先生动员海内外热心人士捐建而成，凝聚着前人的教育理想和民族愿望。

黑石屋和避难中的宋庆龄

刘殊瑜

1914年,芝加哥的伊莎贝·布勒斯顿(Blackstone)夫人出资为岭南学堂教务长钟荣光修建了一个寓所。这个寓所风格中西合璧,融合岭南风味和西洋建筑艺术,为纪念捐献者布勒斯顿女士,故称之为"黑石屋"(图1)。黑石屋作为康乐园最古老雅致的建筑之一,为人所知的另一个原因,便是它和宋庆龄女士之间的一份避难之缘。

民国初年,帝国主义在中国大地上横行无忌,而作为中国最重要港口之一的广州城首当其冲,处于动荡、恐怖与变革的前沿。1922年,辛亥革命过去整整10年,中国时局依然一片混乱。孙中山陆续发动二次革命、护国运动和护法运动,但均以失败告终。中国共产党成立后,孙中山决定联俄联共,在时机成熟后发动北伐战争,一举消灭北洋军阀,结束混战局面。时任广东省省长、粤军总司令和内务部总长兼陆军部总长的陈炯明极力反对孙中山北伐,并于6月16日炮轰总统府和粤秀楼。在这之前,陈炯明和孙中山的矛盾就已发展为不可调和之态。陈炯明统领粤军,反对北伐,主张先在广东搞好民主宪政,再把宪政推向全国,实现仿美式的联邦民主,俗称"联省自治"。不过孙中山极力反对,他主张先中央集权,再北伐武力统一全国。巨大的政治分歧让两人渐行渐远。5月份,孙中山决定从广东北伐攻打江西,然而在革命根据地广东,却有巨大的事变在等着他。

6月16日凌晨两点,孙中山从睡梦中被叫醒,得到通知说粤军部

● 图1 灯火通明的黑石屋　瞿俊雄　摄

队将炮击粤秀楼和总统府,目的是逼他离开广州。于是孙中山叫醒还在睡梦中的宋庆龄,向她说明情势危急,他必须马上赶到永丰舰,在舰上指挥歼灭叛乱分子。那时的宋庆龄已经怀孕,行动非常不便,更何况是逃难。危难关头,宋庆龄极力劝说孙中山先行转移,自己和50个卫兵留在这里吸引敌人注意。孙中山拗不过夫人,不得已先行离去。凌晨两点半,炮声枪声开始响起。宋庆龄住在半山腰,只有一条约一公里长的小路和总统府相连。为了走过这一公里,保护宋庆龄的卫兵浴血奋战,几乎全部牺牲。而总统府受到猛烈的袭击,有个房间在宋庆龄离开仅仅几分钟后,天花板轰然倒塌。下午四点,头戴大帽、身披雨衣的宋庆龄经过伪装后成功逃出。

　　走出了总统府,然而外面丝毫不太平。到处尸横遍野,百姓被残杀的惨状触目惊心,这让怀孕的宋庆龄受到了更大的冲击和惊吓。此时叛军在街上到处搜捕宋庆龄。枪声稀疏后,宋庆龄再也坚持不住晕倒了,幸好被一个农民收留。后来辗转去到友人家里。

　　16日和17日,宋庆龄都住在朋友家里。18日上午,钟荣光知道宋庆龄避难的消息后,立刻派电船将她接到岭南大学,然后去黄埔长洲要塞司令部内设的大总统行营见孙中山,随后返回住所黑石屋。关于宋庆龄小产的说法有很多种。有种说法是宋庆龄在黑石屋里因为疲劳惊惧过度而小产，另一种说法是宋庆龄在香港逗留期间流产的。宋庆龄为支持孙中山先生的民主革命事业而到处奔波，也因为这次避难而流产，后来再也没有生育后代，失去了做母亲的机会。

　　1923年，孙中山携宋庆龄重返岭南大学康乐园，并在怀士堂前发表演说，勉励青年学生立志要做大事，不可要做大官。然后，孙中山夫妇受邀到黑石屋小聚，那时黑石屋是校长钟荣光的居所。如今的黑石屋，成为康乐园历史最悠久的建筑之一，主要用于接待贵宾之用。而宋庆龄曾在怀孕期间避难黑石屋的故事，也在康乐园流传，她为孙中山先生和中国民主革命所作出的牺牲和贡献，将永远被后人铭记。

◉ 康红姣　绘

模范村

蔡秉瀚 摄

模范村介绍

周立勤 摄

模范村建筑群（Permanent Model Village），又称中国教授住宅群，1915—1930年间先后落成。现存13栋，分别为西北区509号、510号、513号、514号、515号、517号、518号、519号、520号、521号、522号、523号、524号。

学人府邸

模范村记忆

崔秦睿

如今的中山大学广州校区南校园，是中山大学具有深厚文化积淀的校园之一。每当追寻久远记忆的时候，人们的目光就自然而然聚焦在南校园的红楼上面。南校园位于广州海珠区康乐村，也称康乐园，是原岭南大学的校园。1952年全国高等院校调整，中山大学从广州石牌迁入康乐园，与岭南大学合并，成立新的中山大学。中山大学校园区划延续了岭南大学时期的做法，沿逸仙路、岭南路把校园分成东南区、东北区、西南区、西北区四个区。随着校园建设发展，四个区的区划、编号方式的不足日益突出。1992年，中山大学在广泛征求意见的基础上，对校园区划、编号着手改革，将康乐园从东往西依次划分成七个区。每栋建筑物的地址号由三位阿拉伯数字组成，首位数是区代号，1代表园东区、2代表东南区、3代表东北区、4代表西南区、5代表西北区、6代表蒲园区、7代表园西区。

南校园的老建筑主要集中在以逸仙路为中轴线的校园中区，模范村在逸仙路西、岭南路与康乐路之间。这些房子是岭南大学建筑的中国教员住宅，中山大学迁入康乐园后，相当长时间内继续作为教职员住宅，后来逐步转为教学、科研、后勤用房。2007年中山大学形象品牌专营店尚礼居入驻西北区517号，模范村其他房子暂时空置。2014年，中山大学对模范村的建筑展开全面保护性修缮，原来的红砖小道，改造成四通八达的水泥路，房子四周的空间改造成草坪（图1）；2017年又进行为期数月的整体装修，竣工后，学校有关教学、科研、管理部门相继入驻。

● 图1 宽广的草坪，修葺一新的红楼　周立勤　摄

　　为了让所有中大学子得到中山大学厚重文化的洗礼，中山大学决定所有大一新生在广州校区接受一年基础教育，使每位学子从跨入中山大学的大门起，就可以时时刻刻感悟到那不朽的学人风骨。日复一日，内化为德才兼备、领袖气质、家国情怀。（图2）

　　模范村建筑是中山大学文化传承的载体之一，现存的13栋房子呈L形分布在永芳堂西面。所有房子都是两层楼，红砖绿瓦，除5号、6号是连体的建筑外，其他都是单体小楼。这个住宅群原来的设计是一栋一户，楼下是客厅、书房、饭厅、浴室、厕所，与大门并排的所有窗户都是落地的玻璃窗。楼上是卧室、露台。厨房与主体房屋分开，中间隔着一个小院子。1952年，中山大学迁入后，一栋楼住上两户人家。

　　其时，每栋楼周围的空地，是安排给住户的私家花园，各家自行安排种植。花园的四周，修剪整齐的灌木围成绿色的篱笆。花园里有

● 图2 学子们徜徉在修整后的模范村　周立勤　摄

人参果、番石榴、芒果、凤眼果、山稔子、李子、荔枝、橄榄、芭蕉和木瓜等水果，还有月季花、茉莉花等鲜花，星星点点，馨香芬芳。

历史系的蒋湘泽教授曾住在今天的西北区514号楼下，他于1947—1951年在美国华盛顿大学攻读历史学博士学位，学成后就回国任教。蒋家楼上住的是当时中山大学的党委宣传部部长王裕怀，他身材高大魁梧，头发往后梳，长得和毛主席有几分相似。

中文系的吴宏聪教授曾经住在今天的西北区515号二楼。他从国立西南联合大学文学院中文系毕业，是闻一多、沈从文最喜爱的学生之一，被誉为中山大学"中文系最大的凝聚力"。楼下住的是地理系杨克毅教授。杨教授早年在英国爱丁堡大学地理系攻读，取得硕士学位后回国任教。

时任地理系副主任的钟衍威教授曾经住在西北区 524 号楼下,他的母亲是清末著名思想家、诗人黄遵宪的长女。楼上住着历史系的梁钊韬教授,梁教授是人类学专家,发掘和研究马坝人的先驱。

西北区 509 号楼下曾住中文系楼栖教授,西北区 510 号楼曾住哲学系刘嵘教授;西北区 523 号楼上曾住外语系的朱白兰教授,她是犹太人,1947 年来到中国,1954 年入了中国籍。

中文系王起教授曾住西北区 522 号;西北区 519 号楼下住时任中山大学总务处处长朱瓒琳,楼上住生物系的周宇垣教授和陈蕙芳教授。中山大学人事处处长张启秀、组织部副部长梁壁也曾住模范村。中国 MPA 之父夏书章教授任中山大学教务处处长时,曾经住在模范村村尾。

那时,普通话尚未普及,模范村里南腔北调。一些方言实在难懂时,有留学背景的教授们索性用英语交流。

西北区 521 号住的是历史系的何肇发教授。他每天一早提着一个公事包就出门了,晚上回来时,公事包里除了书,还有各种吃的东西:猪肉、蔬菜、活鱼等,自然,公事包总是湿漉漉的。

何肇发教授喜欢与学生分享他的人生阅历。何肇发教授说,上教会大学是他人生的转折点。1941 年进入教会办的齐鲁大学,接受齐鲁大学崇美亲美的教育。在美国参加第二次世界大战后,他应国民政府教育部征调,在美国空军飞虎队任翻译一年,驻在四川宜宾航空学校,直接参加盟军的抗日工作。1946 年,美国南加州大学社会学系主任浦嘉达氏 (E. Bugardus) 来金陵大学讲学,由何肇发任翻译。浦嘉达氏非常赏识何肇发,提供奖学金,让何肇发到南加州大学做他的社会学研究生。

赴美留学是何肇发的又一个人生转折,使他重新认识了美国。"二战"后,尚无邮船,也没有飞机,中美海运只靠美国运兵军舰来维持。何肇发搭乘美国军舰"哥登将军"号,看到了一切贫富悬殊、种族歧视、金钱万能、白人高于一切的现象。船过日本横滨,突然响起警报,所有三等舱乘客,除白人外,一律登上船舷的救生艇,被从四层楼高的船舷抛下海面,然后沿军舰划行一周。这些三等舱乘客都不是船员,在大海的浪涛中被颠簸得死去活来,而那些头等舱乘客,都在船舷旁凭栏观看、大笑。原来,"二战"后东京湾的水雷还没有排除,美舰驱使这些三等舱乘客划船试探,进行活体扫雷。吃饭时,对三等舱乘客只是大叫"请注意,请注意"(attention calling),餐厅过时关闭;而对头等舱乘客则温声细语:"先生们、女士们,现餐厅已备有法国大菜、意大利猪排、汉堡牛排,祝您好胃口!"同舱的中国人无不义愤填膺,发誓以后再也不坐美国的飞机和轮船去美国。

到了洛杉矶,学校已经开学,找房子不容易。何肇发看到一家门口挂了"有房出租"(Room for Rent)的牌子,就上前叩门。一个老太太在窗口伸出头来问:"你是中国人还是日本人?"何肇发认为自己是战胜国的,便高兴地大声说:"我是中国人!"谁知老太太从裙子里掏出一个五分硬币,从窗口扔出来,然后"啪"的一声关上窗。这简直就是打发讨饭的,何肇发的肺都气炸了!中国人是战胜国的公民,在美国这个盟国里却受到如此待遇!

1949年,新中国成立在即,美国对当时的中国留学生大肆利诱,特别对理工科的中国留学生给予优厚的奖学金、无限期的签证,以引诱他们留在美国,不回去为新中国服务。何肇发毅然决定放弃博士学位论文的写作,中断学业,回到祖国。

1981年,中山大学复办社会学系,何肇发教授坐上了中国航空公司首航美国的班机再去美国,履行了他20多年前再不坐美国飞机或轮船到美国的诺言。飞机抵达肯尼迪国际机场,到达大厅站满了欢迎中美首航班机的人群,鲜花满眼,热烈的欢呼不绝于耳,使他感到中国人民真正站立起来了!

为弥补中山大学社会学系停办30多年的空缺,筹集复办社会学系的经费,何肇发教授联络岭南基金会、亚洲基金会、胡佛基金会、洛克菲勒基金会、麦加阿塞基金会的负责人。他们有些是真心实意地帮助中国人;有些则明确表示不援助理工农医的学生,只支持文科学生。问他们为什么,他们像是开玩笑地说:"就是为了洗你们的脑袋。"看似玩笑,却一语道破天机。

利用这次在美国为期一年的进修,何肇发教授拜访了他的老师浦

嘉达氏教授。浦嘉达氏晚年靠养老金过活，经济困难，住在郊区一座破旧的木屋里。当年赫赫有名的社会学教授，晚景凄凉，窘困不堪，更无人拜访，教人心寒。

何肇发教授常对学生们说："许多留学生总想在自己国家变好以后才回国。但要知道，祖国在艰难爬坡时，正是需要您的时候，您不在；到祖国都变好了，您才回来，到时候祖国可能就不再需要您了。"

● 康红姣　绘

马岗顶建筑群

郑育珊 摄

杨昀 摄

马岗顶建筑群介绍

在岭南大学时期，外国教授的住宅分布于中山大学广州校区南校园的马岗顶。这些建筑群包括东北区338号马岗堂、东北区332号惠师礼屋、东北区329号屈林宾屋、东北区324号白德理屋、东北区318号韦耶孝实屋、东北区317号宾省校屋、东北区316号伦敦会屋、东北区311号何尔达屋、东北区312号孖屋一、东北区313号高利士屋、东北区319号47号住宅等。

学人府邸

康乐园写秋

李晓龙

◉ 图1 康乐秋色　杨昀　摄

我只是想用我的指尖
确定你的存在
担心刚刚经过的微风
偷偷把你带走

东湖里荷叶最后的一丝清香
填满空气里的每个空隙
像那些曾经的梦儿
日子流去，阳光却留下

这清香裹着梦里的阳光
结下憧憬的种子
在树与叶之间漫步
在你的心头我的心间发芽

从松湖上飘起了，秋日的鸣奏曲
回头处，马岗顶寂寞清冷
红楼悄然无声
只有我和你，还有未来

● 图1 激扬文字　瞿俊雄　摄

激扬文字

步于那树荫遮蔽的校道，凝视这些静默无言的建筑

阳光雨露，冬夏寒暑

在南国的这座园子里进行着他们漫不经心的魔术表演

各式各样的红楼

形态和阴影、现实和幻境中的这种明亮、潮湿、耀眼的混淆之景

对于任何一个对这个梦幻般的伊甸园怀着本能向往的人

都有着强大的吸引力（图1）

那是一种俯视天空的奇异感觉……

惺亭

蔡秉瀚 摄

瞿俊雄　摄

惺亭介绍

　　惺亭（The Xing Pavilion），康乐园中轴线上的标志性建筑物之一，亭中悬一巨大铜钟，因而又名钟亭。惺亭落成于1928年，建筑费用为6000元，是原岭南大学"惺社"毕业生为纪念母校史坚如、区励周、许耀章三位烈士所捐建。惺亭上的牌匾，由中山大学教授商承祚先生于1981年秋题写。

惺亭依旧在，几度夕阳红

高菲

从当初战火缭绕中艰难求生存的岭南学堂到如今安乐祥和、蒸蒸日上的中山大学，无论是战火燃烧的岁月抑或是太平盛世，珠江之畔的康乐园依旧在年华中踽踽独行于自身的道路上。正如时代一样，这个世界也是纷繁不平的。路，有长有短，一直走来，惺亭默默地伫立在逸仙路的中央，看沧桑变化，看历史激荡，看远处的紫荆花开了又谢，落英满地。

容貌妇人风骨仙，搏浪一去胆如天

沿着来时的小径一路退回，时光飞向了 1900 年，一个风云际会，东方的亭台楼阁、天人合一与西方的坚船利炮、民主自由相互糅合与抗衡的时代。面对仍处于水深火热中的国家，曾在格致书院（岭南大学前身）接受了民主自由思想教育的史坚如，不仅受到校园浓厚革命氛围的影响，更是结识了一大批爱国志士，胸中越发涌起舍身报国的热血。1899 年，通过陈少白加入兴中会后，史坚如在日本东京拜谒了孙中山先生。史坚如回广州后，组织暗杀时任两广总督德寿。1900 年 12 月 28 日，史坚如点燃了埋在两广总督衙门下的导火索。但此次爆炸却未能对德寿造成影响，相反，他却在去往香港的途中被捕，最终英勇就义。孙中山先生闻其死讯，心痛至极，称其"死节之烈，浩气英风，成为后死者之模范"。正如那个时代的中国一样，康乐园从来就不缺乏豪杰志士。25 年之后，1925 年 5 月，英日镇压游行工人引发"五卅惨案"。面对分裂的国土与危机四伏的时局，为声援上海工人，

● 图1 惺亭 张文哲 摄

广州和香港的工人于6月19日举行省港大罢工的同时也进行了示威游行活动。正是在这次游行中，岭南大学教师区励周和学生许耀章惨遭英国士军杀害，用鲜血染红了东方古国的天空。

"惺"，惺者，相惜也。1928年，为了纪念这三位为理想而献身的前辈，岭南大学毕业班"惺社"的同学自发筹款，在康乐园的中轴线上建起了一座紫顶红柱的亭台，这便是惺亭（图1）。它那精致的传统式屋顶呈八角攒起，闪着琉璃瓦耀眼的光彩。檐角飞翘，垂脊是一道道优美的曲线，八根仿木构深红柱子支撑着玲珑的顶檐，一口锈迹斑斑的古钟悬于中央，好像诉说着一个久远而无人讲述的故事。如若从整个康乐园的布局来看，惺亭处于校园中轴线的中心，矗立于独一无二的大草坪之上。往南，孙中山先生铜像巍然屹立，手指天下，仿佛默默地与这为纪念爱国青年而建的红色亭台相互对应。说来也巧，当年孙中山与史坚如因革命而结下的深厚的友情，如今其精神象征亦在这古木苍翠的康乐园内遥遥对望，这中间，大概既饱含了无限的知己惺惺相惜之意味，同时又是在时刻提醒莘莘学子以此等前辈为楷模，修身立命，立志做大事，而不做大官。惺者，醒悟也。迎着革命的热烈与鲜血，挥洒豪情壮志于天下是醒悟，修身齐家、默默隐于林逸著书立说、独善其身亦是醒悟。惺惺惜惺惺,聪明的觉醒者看待我等浑浑噩噩之人恰像"洞穴寓言"中洞外人看洞内人一样,满是无奈、同情与悲切,而对于彼此,却又是充溢着爱惜与敬重之情了。"惺社"之同仁之所以为此,其意亦然。

滚滚珠江东逝水,惺亭仍在,夕阳尤红

陈年的老照片定格成黑白色的记忆,惺亭倚着20世纪五六十年代的夕照孑然独立。这依然是一个热血沸腾的时代。当先辈们用自己的鲜血践行了武装革命的诺言,这里新鲜的土壤上,文化亦迎来了另一场"革命"。呼喊、叫嚣,涌动的激情,所谓的理想,这个后人无法评说亦饱含痛心无奈的时代里,惺亭层层垒砌,灰白如昼的水泥阶梯见证了一位又一位学人艰难跋涉、痛苦支撑的脚步。依旧是在这里,摸着已经光鲜不再的灰红色漆柱,恍惚间似乎仍然可以瞥见当年的政治活动在这里留下的痕迹。那时的惺亭是政治活动的中心,是大字报的集中散布地,也是"斗牛"活动的大舞台,许多有很高学术地位的老师在这里被打成"牛鬼蛇神"。惺亭的一砖一瓦亲眼目睹了学术被践踏、尊严被草菅的闹剧。据一些中山大学的老教授和学子回忆,当血雨腥风的"文革"结束后,七八十年代的惺亭又成为学生举办文娱活动和自发举办国家重要领导人追悼会的中心舞台。(图2)

几十年的时光过后,如今的惺亭,阳光穿透朱红色的圆柱,紫色

图2 任云卷云舒,我自悠然矗立　瞿俊雄 摄

的八角顶上闪烁着琉璃的涟漪。这个时节，广州的天色正好，大草坪上孩童奔跑，风筝摇曳生姿。而草坪旗杆下的微微隆起处，据说便是当年的"岭南双坟"——中国第一位华人传教士梁发之墓和岭南大学第一任华人校长钟荣光之墓。其实，这三个处于校园中轴线的标志性景观似乎还隐匿着微妙而又千丝万缕的联系。20世纪20年代，由于校方看重梁发在中西交流方面的卓越贡献，梁发之墓由康乐园西郊迁至校园中心位置。而作为虔诚基督教徒的钟荣光先生，则在遗愿中主动要求葬于梁发墓之邻。提到钟荣光，想必中大学子定是满心敬仰。1927年，岭南大学在浩浩荡荡的收回教育权行动中得以收归国人自办，其中钟先生功不可没。在担任第一任华人校长后，他尽毕生之精力募捐经费、扩大办学，使岭南大学迎来了史无前例的发展高峰期。惺亭，也正是其在任的第二年由校友捐款兴建起来的。不知是机缘巧合还是有意为之，钟先生字"惺可"，恰与其一字相通，或许但凡气质相近之大人物皆有"相惜"之情吧。

这座蕴含深厚古典气质的亭台，它所纪念和凭吊的烈士们，在反抗西方列强以及改造社会的斗争中不懈努力、未停追求，永远向着独立之精神迈进。想必，以其"明辨、笃行"之精神为学子树立精神楷模从而达致"作育英才"之目标，正是当时校方将这一景观树于康乐园中心之缘由。而岭南大学之所以与中山大学相通并最终得以交融的原因，大概亦是如此。如今，虽然"岭南双坟"的模样已不复得见，但此三者之气质却将永远默默地守护和浸染着来往于康乐园的学子。

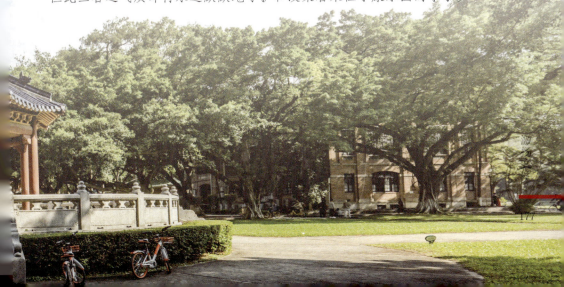

惺亭散谈

李沛儒

东望图书馆，南对中山像。绿草如茵在阶下虔诚地低伏，古木榛榛从檐顶关照于怀中。中山大学红楼中唯一的八角八柱亭阁建筑——惺亭，就这样落落大方地矗立在康乐园中轴线上。

简单而庄重的单檐硬山顶，朴素而不失坚固的砖瓦结构，传统而典雅的紫瓦红柱，再加上一口悬于正梁之下的青铜大钟，一座简约秀丽的八角亭形象便脱颖而出。

亭者停也，人之所停集之处。惺亭是一座承载了纪念意义的亭阁，如此使命将其从单纯的供人停集的功用中拔擢出来，赋予更加超拔的存在意义，同时也更加形而上了。

时过境迁，为了保持生机，更为了充分利用资源，与惺亭同时期的红楼们都不得不另作他用。曾经的学生宿舍如今用作各系的系楼，而陈老、许老的故居如今仅供参观，不少红楼闲置不用，更有部分已遭拆除。无需沧海桑田的时间，才过一个世纪，大多红楼建筑已很难维持原样。实际功能最少的区区亭阁却得以始终如一。有名家曾经讲过，唯独精神层面的东西最难消除。中国独有的亭阁建筑，或是作观赏用，所谓"江山无限景，都取一亭中"；或是作停集用，一如"寒蝉凄切，对长亭晚"；抑或是作为一段事迹的铭记，很明显就是惺亭的定位。为纪念而存在的惺亭，历经百年风雨也不夺其志。因为价值观的传承，当年先人们所景仰缅怀的精神，仍能让今人热血沸腾。

中大红楼，康乐名园，多少名人轶事掩映在一草一木下，多少掌故传说散落于红砖绿瓦间。从来，建筑因故事而闻名，故事因建筑而

流传。一座古老校园中专为纪念意义而存在的八角亭台,其所承载的历史必然不轻。单是通过惺亭之"惺",便能跨越世纪,听见那声沉重的唏嘘。(图1)

1925年6月23日,广东各界在东较场举行了声讨帝国主义制造"五卅惨案"的集会,并于会后游行示威。当岭南大学、坤维女子师范学校、圣心书院、执信和广州二校及黄埔军校等学生队伍行进到沙基时,一名外国人首先用手枪向游行队伍打响第一枪,已经处于戒备状态的沙面内西桥脚的英法军队立即以机枪向沙基扫射,游行队伍走避不及,当场死亡多人。这就是沙基惨案。当时岭南大学的两位师生在这场游行中英勇就义。

惺亭便是岭南大学"惺社"为纪念辛亥革命烈士史坚如,以及沙基惨案烈士区励周、许耀章而建。

在"惺社"成立之初,其名当取"惺惺相惜"之意。试想那风雨欲来、动荡不安的年代,一座高等学府中,三五才华横溢、心忧家国的

◉ 图1 为纪念而生,亦为纪念而存　瞿俊雄　摄

知己好友，不时相聚，吟哦赋诗，纵论时局，书生意气挥斥方遒，畅快淋漓。也许就在一次次思想和情怀的激荡碰撞中，青年志士们早为报国存下死志。于是在他们认定的适当时机——反英游行——到来时，两位同仁慷慨赴死，我以我血荐轩辕。

同学同游，肝胆相照，言犹在耳，斯人已逝。"惺社"的成员们便在当初吟诗作对、激扬文字的故地筹建了这座惺亭。此时的"惺"，大概是理解之意。为国赴死的决心，对外寇肆虐的愤恨，壮志未酬的遗憾，还有割舍不尽的家国情怀，曾经的知己都领会在心。革命尚未成功，同志仍需努力。建此惺亭，悬钟于上，长鸣不已，警我国人，慰我英灵。在中国近代化的漫长进程中，牺牲者前仆后继，史、区、许三人的事迹因同志们共建的这座惺亭长久存在而得以流传，勉励后人。得友如此，夫复何求。

"惺"之一字，道出那个时代最伟大的一句话：理解万岁。

秀哉惺亭，领中大之风骚；雄哉惺亭，据康园之中央；伟哉惺亭，铭时代之印记；壮哉惺亭，传先烈之遗风。

后记

  红砖绿瓦，遗世独立。近百栋古朴典雅的红楼，错落有致地坐落在中山大学校园里，掩映于茂林光影中。

  寒来暑往，百岁流转，熙攘无间，唯红楼跨越风雨，静立于斯。

  每栋红楼，都有属于自己的灵魂。她是美轮美奂、独具风华的活博物馆，是她檐下生活的人们的痕迹，是她瓦里层叠的沉厚的历史，亦是她身旁匆匆奔忙的学子的点滴青春。她，守望并见证着一代又一代中大人的似水流年。

  《印象·中大红楼》一书收录了诸多中山大学师生及校友思忆谈叙红楼建筑的文章和摄影作品。我们力求将纯粹文字与精美图像结合，从青年文艺的独特视角更新、更近、更暖地诠释并呈现中大红楼的百年故事，执灵性之文笔，书红堵之旧事，携光荫之影像，纪翠阿之情深。

  拂晓，在珍珠式乳白色的曙光里，阅尽沧桑的建筑绽出硬挺的身影。黄昏，落照渐渐虚薄，浴镀金边的红楼婆娑显影，连构成其骨络的木石也漫淌着光焰。

  当建筑在时间的长冬里凝默，红墙绿瓦环抱的记忆，如石底清泉般静静地守候，等这溯往又绘今的文图如春风拂槛，唤那韶华的冰川让位，缓缓消融，旧忆如新。

  一砖一瓦一沧海，一草一木一桑田。中山大学近一个世纪的风尘便在这一座座红楼间沉淀。立于新时代的今朝，不忘中大人的初心。逸仙风骨遗泽蔚立余芳，家国情怀栋梁莘莘自强，博学审问慎思明辨

● 图1 走进红楼，继往开来　王舒羽　摄

笃行，振兴中华民族永志勿忘。

　　我们以此志勤耕耘、集诸善缘匠心之创作，试将中山大学的标志性文物——红楼建筑群收录成册，惟望呈现其些许风采，铭载其历史沿革，护存文化记忆，传承人文精神。（图1）

　　编委会挚谢母校中山大学对本书征稿、编辑与出版工作的鼎力支持，感谢中山大学出版社编校付梓的辛勤力助，诚谢李庆双、崔秦睿老师对本书策划至成稿的不懈帮助和可贵意见。同时，对每一位参与本书编写的文字和摄影作者、编辑和宣传工作者，我们谨在此深表谢意。

　　赫赫红楼风，拳拳中大情。愿与君共睹中大红楼的四季流彩，同观昼夜交替下康乐园的穹通变化。听，动人的故事还在，流传不朽。

　　过往已往，未来正来。红堵翠阿，岁月留痕。

　　往事如烟，红楼情深却不语。你，可懂她……

岭南人杂志社
《印象·中大红楼》编委会
丛施祺
2017年12月